建设工程项目管理(BIM5D)

主　编　耿宇博　张羽菲
副主编　王江南　杜雪丰
参　编　常　勇　李　亮

上海交通大学出版社
SHANGHAI JIAO TONG UNIVERSITY PRESS

内容提要

本书融合了建设工程项目管理的核心理论与实践技巧，特别是在探索和应用BIM5D技术于项目管理的前沿领域，不仅涵盖了进度管理、成本控制、质量管理、安全管理等基础知识，还展示了如何利用BIM5D技术实现项目各阶段的协同管理，包括三维模型集成、进度与成本的动态关联、成本控制等应用。本书采用理论讲解与案例分析相结合的方式，帮助读者掌握在数字化时代下提升项目管理效率与决策精准度的实战技能。本书适合建筑行业管理人员、工程造价师、项目工程师、BIM技术应用人员及高等院校相关专业师生阅读参考。

图书在版编目(CIP)数据

建设工程项目管理：BIM5D／耿宇博，张羽菲主编．上海：上海交通大学出版社，2025.1 -- ISBN 978-7-313-31830-5

Ⅰ．F284

中国国家版本馆CIP数据核字第2024UE3419号

建设工程项目管理(BIM5D)

JIANSHE GONGCHENG XIANGMU GUANLI (BIM5D)

主　　编：耿宇博　张羽菲

出版发行：上海交通大学出版社　　地　　址：上海市番禺路951号

邮政编码：200030　　电　　话：021-64071208

印　　制：上海景条印刷有限公司　　经　　销：全国新华书店

开　　本：787 mm×1092 mm　1/16　　印　　张：11.5

字　　数：284千字

版　　次：2025年1月第1版　　印　　次：2025年1月第1次印刷

书　　号：ISBN 978-7-313-31830-5　　电子书号：ISBN 978-7-89424-948-7

定　　价：68.00元

前言

FOREWORD

本书主要介绍建设工程项目管理的基础知识，并注重结合 BIM5D 在项目管理中的实际应用，旨在将理论知识与实践操作相结合。通过 BIM5D 的实操训练，进一步巩固学生所掌握的建设工程项目管理基础知识。本书侧重于培养学生的建设工程项目管理能力和 BIM5D 综合管理能力，强调内容的先进性、实用性和可操作性，实现了基本理论与 BIM 技术应用的融合，旨在提升学生的学习兴趣，并为教学和实际应用提供便利。

本书采用了校企合作与工学结合的编写模式，其作者团队由在项目管理领域拥有丰富教学和实践经验的教师组成。本书在内容上不仅结合了工程实践案例，还参考了全国一级建造师考试《建设工程项目管理》的重点知识。本书遵循项目管理的时间线，从项目的招标投标阶段开始，涵盖签订合同、组建项目团队、选定项目经理，以及制定施工组织设计。随后，详细介绍了项目实施期间的“三控三管一协调”管理内容，并最终阐述了如何运用 BIM5D 平台进行项目管理知识的实操训练。以上内容被细分为 9 个模块进行详细阐述。针对相关案例和知识点，本书融入了课程思政元素，旨在引导学生进行深入思考和讨论；同时，针对每个学习单元，本书还配备了微课，这不仅方便了教师授课，也有助于学生系统地认识、熟悉并掌握建设工程项目管理及 BIM5D 的应用技术。

本书由辽宁建筑职业学院耿宇博、张羽菲担任主编，由校企教师团队共同编写。具体编写分工如下：模块 1、模块 3 和模块 4 由耿宇博编写，模块 2 和模块 6 由张羽菲编写，模块 5 由华济建设工程集团有限公司杜雪丰编写，模块 7 和模块 8 由中国建筑第七工程局有限公司常勇、辽宁劭华建筑工程有限公司王江南编写（王江南主要负责环境保护和信息管理部分内容编写），模块 9 由云筑元域（重庆）数字科技有限公司李亮编写，全书的规划与统稿工作由耿宇博负责。

在本书编写过程中，广联达科技股份有限公司李鹏元、郭浩及沈阳星泰建筑装饰工程有限公司总经理魏国辉等企业专家提供了案例资料和技术支持，并提出了编写建议，在此表示衷心的感谢！由于编者的水平和经验有限，书中难免存在不妥之处，恳请广大读者批评、指正！

编　者

2024 年 8 月

目录
CONTENTS

模块 1

概　　述

案例引入

某专用宿舍楼工程的总建筑面积为 1 732.48 m^2，基底面积为 836.24 m^2。建筑高度为 7.650 m，其中 1～2 层专用于宿舍区域。建筑的耐火等级为 2 级，抗震设防烈度为 7 度。该建筑采用现浇钢筋混凝土框架结构，基础为钢筋混凝土基础。建筑物设计使用年限为 50 年，屋面防水等级为 2 级。

该项目采用施工总承包的模式，合同金额为 333.6 万元，合同工期为 88 天，开工时间为 2018 年 6 月 19 日，预计完工时间为 2018 年 9 月 15 日。质量目标为合格；安全目标为重伤及重大安全事故为零；人员轻伤和其他一般安全事故率不超过 3%。

在施工过程中，项目团队精心制订了施工组织设计，严格遵守施工图纸和相关规范，并运用 BIM5D 技术全面管理项目，以确保工程质量和安全。首先，完成了场地平整和基础开挖工作；其次进行了钢筋绑扎、模板安装和混凝土浇筑。在施工过程中，项目团队高度重视环境保护，实施了有效的降尘和减噪措施，以最小化施工对周边环境的影响。通过这些措施，项目团队能够更有效地控制施工进度，优化资源配置，提升施工质量，确保工程的顺利完成。

为了确保工程质量，项目团队定期组织质量检查，对关键工序进行严格把关。同时，安全管理人员对施工现场进行定期巡查，确保各项安全措施得到有效执行。在施工高峰期，项目团队还特别加强了夜间施工的安全管理，确保施工人员的安全。

随着工程的顺利推进，各分项工程按计划完成。1～2 层宿舍区域的墙体砌筑、楼地面铺设、水电安装等工作均如期完成。屋面防水工程也严格按照二级防水标准进行施工，确保屋面的防水性能。

在施工过程中，项目团队精心进行成本控制，严格遵循预算编制和成本管理流程。通过优化材料采购、合理安排施工进度和提高施工效率，项目团队成功地将成本控制在预算范围内。此外，项目团队还注重与供应商和分包商的沟通协调，确保材料质量和供应的及时性，避免因材料问题导致的工程延误和成本增加。

工程完工后，项目团队组织了全面的自检工作，对工程质量进行全面检查。随后，邀请业主和监理单位进行联合验收。在验收过程中，各方对工程质量表示满意，各项指标均符合设计要求和相关规范。

最终，该专用宿舍楼工程于2018年9月15日顺利完工，比合同工期提前了两天。项目团队在确保工程质量的同时，还实现了安全生产，无重伤及重大安全事故，人员轻伤率和其他一般安全事故率控制在3%以内，圆满完成了项目的质量目标和安全目标。

根据以上案例，总结项目的定义及建设工程项目管理的内容。

课程目标

(1) 掌握项目的定义及特征。
(2) 掌握建设工程项目管理的主要内容。
(3) 了解BIM5D的概念和在项目管理中的应用。

1.1 建设工程

建设工程一直是工程领域的重要支柱。它广泛涵盖了土地、水域及空间范围内的各类工程建设活动，这些活动均依据精心的设计方案和先进的施工工艺展开。建设工程不仅涵盖了住宅与公共建筑的营造，更扩展至道路、桥梁、隧道、水利设施及城市基础设施等多个维度，展现出了其丰富的内涵与广泛的应用。

1.1.1 建设工程的定义

建设工程是一个综合性的过程，旨在满足人们的日常生活和生产需求，提升人民生活水平，并推动经济发展。它依据既定的设计方案和工程标准，在特定地点，通过规划、设计、施工、维护等一系列工作，实现工程建设活动。

中华人民共和国成立以来，建设了许多伟大的工程。以下是一些有代表性的建设工程案例，这些案例涵盖了不同类型的工程项目，并体现了各自领域的显著特点和成就。

1. 三峡工程

三峡工程位于中国长江的中游地段，是一项具有划时代意义的巨型水利设施，如图1.1所示。它包括壮观的三峡大坝、高效的五级船闸系统及一系列的发电站。这些设施的完美结合，使其成为目前全球规模最大的水利设施之一。三峡大坝不仅是世界工程建设的奇迹，也是中国工程技术人员的骄傲。它的建成不仅解决了水电能源的供应问题，还极大地改善了航运条件，显著提高了对洪水的调节和控制能力，对长江中下游地区的生态保护与经济发展起到了推动作用。

2. 北京大兴国际机场

北京大兴国际机场是我国现代化建设的重要标志，于2019年正式对外开放，成为世界上最大的机场之一，如图1.2所示。其设计理念将前沿科技和中华民族传统文化精妙结合，展现了中国的文化自信和科技创新能力。在建设过程中，大量采用了先进的建筑技术和材料，体现了绿色环保和可持续发展的理念。北京大兴国际机场的运营，极大地提升了北京的国际航空枢纽功能，不仅为北京的航空运输业带来了革命性的变化，同时也为中国经济的持续发展注入了新的活力。

图 1.1 三峡工程

图 1.2 北京大兴国际机场

3. 港珠澳大桥

港珠澳大桥连接了香港、珠海和澳门三个重要城市，是全球最长的跨海大桥，如图 1.3 所示。它采用了众多前沿的工程技术，包括建设海底隧道和人工岛等创新设计，展示了人类工程技术的卓越成就。港珠澳大桥的建成，极大地缩短了香港与珠海、澳门之间的交通时间，强有力地促进了粤港澳大湾区的经济一体化和发展，加强了区域间的交流合作，对推动大湾区城市群的繁荣发展起到了关键作用。

这些案例不仅代表了建设工程领域的杰出成就，也体现了中国在基础设施建设方面的持

图 1.3 港珠澳大桥

续努力和创新精神。

1.1.2 建设工程的特点

(1) 投资规模大：无论是住宅建设还是公共基础设施，建设工程都需要巨额的资金投入。

(2) 时间周期长：一个建设项目的完成往往需要经历规划、设计、施工、维护等多个阶段，每一个环节都需要消耗大量的时间和精力。

(3) 科技含量高：现代建设工程对技术的要求极高，如高层建筑的建设需要先进的建筑技术和设备支持，道路桥梁的建设则依赖精密的测量和施工技术。

(4) 影响范围广：建设工程不仅影响人们的日常生活和生产活动，还对社会经济发展、文化传承等方面产生深远影响。

(5) 法规标准严：为确保建设工程的质量和安全，其实施必须遵守国家的法律法规和相关技术标准。

总的来说，建设工程是一个复杂而关键的过程，需要多方面的专业知识和技能的协同配合，并且要严格遵守相关法规和标准。只有这样，才能确保建设工程的顺利进行。

1.2 建设工程项目

1.2.1 项目的定义

项目是指在一定约束条件下(该约束条件是指有限的资源，如财力、人力和时间等)，由专门的组织根据特定的目标所完成的一次性任务。

项目可以是大型复杂的建设工程，也可以是小型的日常任务，如制作一份报告或组织一个活动；只要它满足上述定义的特征，即可被视为一个项目。

1.2.2　项目的特性

根据项目定义可知，项目具有如下特性。

(1) 独特性：在项目的世界中，每个实例都如同一颗独特的珍珠，闪耀着它独特的光芒。即使是那些在表面上看起来颇为相似的项目，也会在深层次的细节和实施过程中展现出各自的不同之处。这些差异可能源于项目的具体目标、所处环境、参与人员及其采用的方法论等多个方面，从而确保了项目的多样性和丰富性。

(2) 临时性：项目如同流星划过夜空，虽然短暂，却留下深刻的痕迹。它们具有明确的界限，既有确定的开始时间，也有预设的结束日期。这与持续运作的业务或生产活动不同，后者如同一池温水，持续不断地加热和运作，而项目则更像是一波浪潮，有其特定的起伏和节奏。

(3) 目标导向：项目的灵魂在于其目标导向性。它们被设计以达成一系列具体的、预先设定的目标或成果。这些目标通常是明确和量化的，为项目的实施提供了方向和焦点。就好比一艘船需要罗盘来确定方向，项目也需要明确的目标来引导整个团队驶向成功的彼岸。

(4) 跨职能合作：项目是一个多学科、多专业交融的舞台，它们往往需要融合不同领域中的专业知识和技术技能。这就要求各个部门或团队之间的紧密协作，共同编织出项目的最终成果。这种跨职能的合作，就像一场交响乐演出，各个乐章需要和谐统一，才能演奏出美妙的乐章。

(5) 资源约束：项目在时间和成本等方面往往受到资源的限制。无论是人力资源、物质资源还是财力资源，项目都必须在有限的条件下进行。这就要求项目经理和团队具备高超的资源管理能力，像是在棋盘上巧妙布局棋子，以最优的配置达到项目实施的最佳状态。

(6) 风险与不确定性：由于项目的独特性和外部环境的变化多端，项目在实施的过程中难免会遇到各种风险和不确定性因素。这些风险可能源于技术挑战、市场变化、政策调整等多个方面，给项目带来了不确定性。因此，项目管理中的一项重要任务就是评估和控制这些风险，确保项目能够稳健地推进，最终达成既定目标。

1.3　建设工程项目管理

1.3.1　建设工程项目管理的定义

建设工程项目管理是指针对建筑、土木、安装等建设工程项目的管理活动，是一种系统性的管理实践，涵盖了从项目启动至项目完成的全周期。具体而言，建设工程项目管理是指从事工程项目管理的企业或团队，受工程项目业主方的委托，对工程建设的全过程或者特定阶段进行专业化管理和提供相关服务的活动。其核心目的是通过高效的项目策划和项目控制，确保项目的费用目标（成本）、进度目标（时间）和质量目标得以实现，并且在限定的资源和环境条件下，圆满达成建设项目预定的目标。

在建设工程项目中，管理涉及业主、勘察设计单位和施工单位等多个方面，可分为以下管理阶段。

(1) 全过程项目管理。这是指包括从编制项目建议书开始至项目竣工验收投产使用为止的建设全过程的项目管理,一般由项目建设方进行。

(2) 设计阶段项目管理。一般由设计单位进行。

(3) 施工阶段项目管理。发生在施工阶段,一般由施工单位进行。本书重点讲解施工阶段项目管理。

1.3.2 建设工程项目管理的内容

建设工程项目管理的内容十分丰富,涉及项目从规划到完成的整个生命周期,主要包括“三控三管一协调”。

1. 三大控制目标

(1) 成本控制:通过对项目成本的规划、估算、预算、实际成本控制和成本分析,确保工程在预算范围内完成。这包括制订成本控制计划、优化资源配置、监控费用支出、进行成本偏差分析和采取纠偏措施等。

(2) 进度控制:确保项目按照预定的时间计划推进,包括制订科学合理的进度计划、跟踪实际进度、分析进度偏差、采取措施调整进度计划等,以保证项目按时完成。

(3) 质量控制:确保工程实体质量符合设计要求和相关规范标准,涉及质量管理体系的建立、质量标准的设定、质量检验与试验、质量改进与反馈等环节。

2. 三项管理工作

(1) 合同管理:从合同的拟定、谈判、签订、执行到变更、终止的全过程管理,包括合同条款的审核、合同履行的监督、合同争议的处理等,确保合同双方权益得到保障。

(2) 安全管理:保障施工过程中人员安全、设备安全和环境安全,通过建立安全生产责任制、进行安全教育、制订应急预案、实施现场安全管理等措施,预防安全事故的发生。

(3) 信息管理:有效地收集、处理、传递和存储项目相关信息,为项目决策提供支持。这包括项目文档管理、数据处理、沟通协调平台的建立与维护等。

3. 综合协调工作

协调项目内部(如设计、施工、监理等)和外部(如政府部门、周边社区等)的关系,解决项目实施过程中出现的各种问题,确保各参与方有效协作,项目顺利进行。这包括组织结构的设置、职责分配、会议组织、冲突调解、利益相关者沟通等。

“三控三管一协调”是项目管理的核心框架,强调了在项目实施过程中对成本、进度、质量的严格控制,对合同、安全、信息的有效管理,以及对项目内外部关系的综合协调,是确保项目成功的关键。

1.3.3 我国的建设工程项目管理

我国建设工程项目管理的产生与发展,根植于我国重大项目实践的深厚土壤之中。自改革开放以来,项目管理逐步从实践走向理论,并广泛应用于工程建设领域。20 世纪 80 年代,我国开始引进国外的建设工程项目管理理论,其中,日本的项目管理经验为我国提供了宝贵的借鉴。随后,美国和世界银行的项目管理理论及实践经验也通过世界银行的贷款项目进入我国,进一步丰富了我国项目管理的理论体系和实践经验。1982 年,我国在鲁布革水电站引水导流工程中首次实施项目管理,标志着我国建设工程项目管理进入了一个新阶段,如图 1.4 所示。该工程不仅是我国首个按照世界银行规定进行国际竞争性招标和项目管理的工程，更是我国项目管理实践的重要里程碑。鲁布革水电站的成功建设，为我国后续建设工程项目管理提供了宝贵的经验和借鉴。为了推广这一先进的管理经验，原国家计委等 5 个单位于 1987 年 7 月 28 日正式发布了《关于批准第一批推广鲁布革工程管理经验试点企业有关问题的通知》，标志着我国建设工程项目管理试点工作的正式启动。随后，我国逐步扩大了试点范围，确定了多家试点企业并实施了多个试点项目。1991 年 9 月，原建设部发布了《关于加强分类指导、专题突破、分步实施全面深化施工管理体制综合改革试点工作的指导意见》，将试点工作纳入全行业推进的综合改革之中。这一举措进一步推动了我国建设工程项目管理的全面发展，使得项目管理在全国范围内得到了广泛的推广和应用。

经过多年的实践与积累，我国建设工程项目管理已经取得了显著的成绩，并形成了独具特色的管理体系。当前，随着我国经济的快速发展和城市化进程的加速，建设工程项目管理面临着新的挑战和机遇。为了适应新时代的需求，我国建设工程项目管理正在不断创新和完善。一方面，加强了对国际先进项目管理理念和技术的学习与引进，不断提高项目管理水平。同时，结合国内实际，积极探索符合国情的建设工程项目管理模式，如政府和社会资本合作模式(PPP)、设计—采购—施工一体化模式(EPC)等，以推动工程项目的高效、优质、安全完成。在项目管理过程中，注重发挥人的作用，强调团队协作和沟通。建立了完善的项目管理制度和流程，明确了各方的职责和权利，确保了项目的顺利进行。同时，还加强了项目管理人员的培训和教育，提高了他们的专业素养和管理能力，为项目的成功实施提供了有力保障。

未来，我国建设工程项目管理将继续保持创新发展的态势。将继续深化与国际先进项目管理理念的交流与合作，不断提高我国项目管理水平。同时，将结合国内实际情况，积极探索新的管理模式和方法，以推动我国建设工程项目管理事业的不断发展。相信，在不久的将来，我国建设工程项目管理将实现更加科学、高效、精细化的管理，为我国经济的持续健康发展作出更大的贡献。

图 1.4　鲁布革水电站

1.4 BIM 和 BIM5D

1.4.1 BIM 的概念

BIM,全称 building information modeling,中文译为建筑信息模型,是一种应用于工程设计、建造及管理领域的数字化方法。BIM 不仅是三维建模,而且是一个集成了建筑的物理和功能特性的智能化模型。这一过程从项目规划阶段开始,贯穿设计、施工直至运营维护的整个生命周期,使得所有相关方都能够基于同一套信息协同工作。

BIM 的核心价值在于它能够将建筑物及其组件以数字化形式表示,这些数字模型包含了丰富的信息,如几何尺寸、材料属性、成本数据、进度计划等。通过 BIM,设计团队、施工单位、业主及后期的设施管理人员可以更有效地沟通协作,进行冲突检测、能耗分析、施工模拟等工作,从而提高项目效率,减少错误与返工,控制成本,缩短工期,最终提升建筑质量和运维效率。

1.4.2 BIM 的特性

BIM 的特性被归纳为以下几个关键点。

(1) 可视化:BIM 允许用户在三维环境中设计、建造和管理项目,使得建筑物的外观、结构和系统更加直观,有助于提高设计质量,促进各方之间的沟通与理解。

(2) 参数化:通过参数关联,模型中的元素能够自动适应设计变更,一个参数的变化能驱动相关联的所有元素同步更新。

(3) 仿真性:BIM 模型可用于模拟建筑物的实际性能,包括光照分析、能源效率、紧急疏散、结构应力测试等,帮助优化设计决策。

(4) 协调性:有助于提前发现并解决设计冲突,比如机电管线碰撞等,从而减少现场施工中的错误和延误。

(5) 信息完备性:BIM 模型包含大量结构化数据,不仅限于几何信息,还包括材料属性、成本数据、维护要求等,为项目全生命周期管理提供详尽信息。

这些特性的共同作用,使得 BIM 成为提升建筑工程行业效率、精确度和可持续性的强大工具。

1.4.3 BIM 的发展现状与价值分析

截至 2024 年,BIM 技术的发展现状展现出显著的特征和深远的意义。

(1) 全球普及与深化应用:BIM 技术已在全球范围内被广泛采用,并深度应用于建筑行业的各个环节。特别是在美国、英国、新加坡等发达国家,BIM 已成为众多大型建筑项目不可或缺的技术支撑。这些国家不仅在新建项目中积极应用 BIM,还在既有建筑的改造、维护及运营管理中展现出其独特的价值。

(2) 国内加速推广:在中国,BIM 应用虽然起步稍晚,但近年来在政府政策的推动和行业内部的积极努力下,正迅速扩展其影响力。各级政府和行业协会通过制定政策措施、建立

BIM技术服务平台、举办技术论坛等方式，为BIM技术的普及和应用提供了有力支持，旨在推动整个行业的BIM应用水平持续提升。

(3) 技术融合与创新：BIM技术正与其他新兴技术如地理信息系统(GIS)、物联网(IoT)、人工智能(AI)、虚拟现实/增强现实(VR/AR)等深度融合，共同打造更加智能、高效的建筑解决方案。这种融合不仅推动了设计、施工的智能化进程，还为建筑运维提供了更加精细化的管理手段。

(4) 标准化与国际化：为推动BIM技术的标准化应用，国内外都在积极制定相关的标准和规范，以确保模型的互操作性和数据交换的一致性，如图1.5所示。这有助于跨国项目合作顺畅进行，提升全球建筑行业的协同效率。

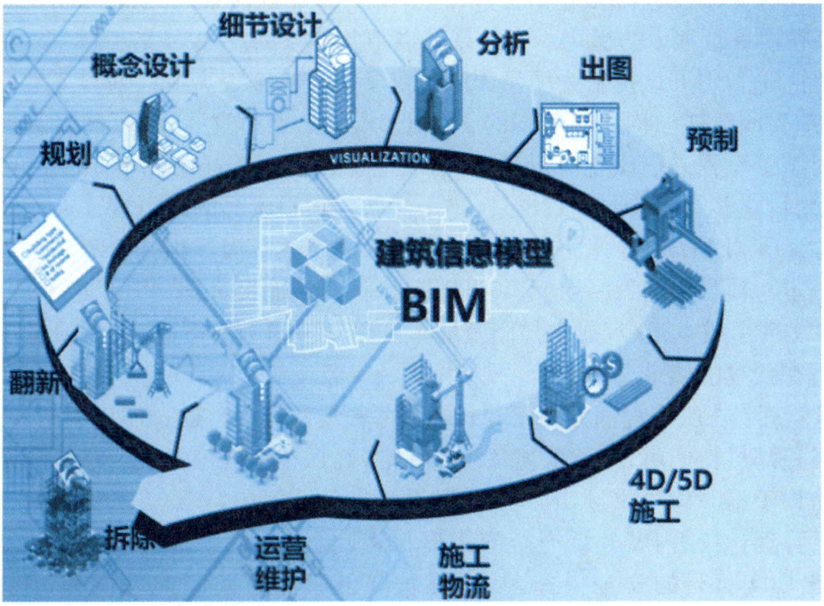

图1.5　建筑信息模型

(5) 市场认知与培训需求增加：随着BIM技术的不断发展，行业内外对其认知度显著提升。同时，对于具备BIM技能的专业人才的需求也日益增长。为满足这一需求，教育机构和培训机构纷纷开设BIM相关课程，以培养更多具备BIM技能的专业人才。

(6) 挑战与机遇并存：尽管BIM技术带来了诸多益处，但其发展也面临着技术成熟度、管理规范性、行业接受度等方面的挑战。特别是在技术层面，如何进一步完善BIM软件的功能、提高模型精度及如何更好地集成其他先进技术是当前需要持续探索的方向。

1.4.4　BIM5D的概念

BIM5D，作为建筑信息模型的一个创新扩展，在传统三维模型(3D)的基础上，巧妙融合了时间和成本两大维度(即4D和5D)，从而构建了一个全方位的项目管理工具。以下是BIM5D概念的深入解析。

(1) 三维模型：它是BIM5D的基石，采用数字模型详尽地展现了建筑物的几何形态、物理特性及功能属性，涵盖了结构、系统、材料选用和空间布局等全方位信息。

(2) 时间维度：在三维模型的基础上，BIM5D 加入了时间因素，即施工进度计划。这使得模型能够动态地模拟建筑项目的施工过程，通过将施工活动与具体的时间点或时间段相结合，能够进行施工模拟、项目进度预测和优化，从而有效避免施工冲突和延误。

(3) 成本维度：在 BIM5D 中，成本信息被进一步整合到模型中，包括每个建筑构件的成本、总体预算、成本估算及成本控制等。这使得项目团队能够实时监控和管理项目成本，进行成本效益分析，确保项目的财务目标得以实现。

1.4.5 BIM5D 在项目管理中的应用

BIM5D 技术在项目管理领域的核心优势在于将传统的三维模型(包含空间几何信息)与时间和成本两个关键维度进行无缝整合，从而形成了一个全面且高效的项目管理平台。具体来说，BIM5D 在项目管理中的运用主要体现在以下几个方面。

(1) 进度管理：BIM5D 技术为项目团队提供了一个将施工进度计划与三维模型实时同步的功能，使得项目团队能够构建出动态的 4D 施工模拟。通过这一功能，项目管理人员可以在虚拟环境中对施工流程进行预先模拟，从而精准地识别潜在的冲突和瓶颈。这有助于优化施工顺序，确保项目能够严格按照计划推进，进一步验证项目实施的可行性。

(2) 成本管理：BIM5D 技术将成本信息集成到模型中，构建出一个直观的 5D 模型。这个模型使得成本与项目中的每一个元素都能直接对应，从而极大地提升了成本估算的精确度。同时，BIM5D 实现了成本跟踪、成本控制及成本变更管理的全面覆盖，确保项目在整个执行过程中始终运行在预算的轨道上。

(3) 质量管理：在质量管理方面，BIM5D 发挥着重要作用。通过模型中的详细信息，项目团队可以实时追踪材料使用、施工工艺及验收标准，确保整个施工过程严格符合设计要求和各项规范。这有助于提升项目质量，减少质量问题的发生。

(4) 安全管理：利用 BIM5D 进行施工模拟，项目团队能够提前识别潜在的安全隐患，并据此规划出切实可行的安全措施，从而显著降低事故风险。此外，BIM5D 还是培训工人的有力工具。通过模拟施工场景，可以有效提升工人的安全意识，降低安全事故的发生。

(5) 协同管理：BIM5D 的动态模拟和信息集成特性，使得施工团队能够更好地协调各专业的工作，减少现场冲突和错误的发生。这不仅提升了项目管理的效率和精度，还促进了项目各参与方之间的有效沟通和紧密协作。通过 BIM5D，项目团队能够更好地协同工作，为项目的成功交付奠定坚实基础。

综上所述，BIM5D 技术在项目管理中的应用，为项目团队提供了一套全面、高效的解决方案。通过集成三维模型、时间和成本信息，BIM5D 实现了进度管理、成本管理、质量管理、安全管理及协同管理的全面覆盖。

1.4.6 广联达 BIM5D 系统介绍

广联达 BIM5D 系统，作为一个基于 BIM 模型的集成应用平台，通过三维模型数据接口，将土建、钢结构、机电、幕墙等多个专业模型融为一体。该平台以 BIM 集成模型为核心，将施工过程中的进度、合同成本、工艺、质量、安全、图纸、材料、劳动力等关键信息集成至同一平台，利用 BIM 模型直观形象、可计算分析的特点，为施工进度管理、现场协调、合同成本管理、材料管理等关键过程提供精确的构件几何位置、工程量、资源量、计划时间等信息，助力管理人员进行高效决策和精细化管理。这不仅有助于减少施工变更，缩短项目工期，还能有效控制项目成本，提升整体施工质量。

广联达 BIM5D 系统围绕模型中心、数据中心及应用中心，为项目精细化管理提供了有力支持，如图 1.6 所示。基于模型中心，BIM5D 支持导入多种专业模型、场地模型及措施机械模型，如 Revit、Tekla、GGJ、GCL、GQI、GMJ、GSL、ArchiCAD、MagiCAD、igms、3ds、IFC 等格式。同时，基于数据中心，BIM5D 以集成模型为桥梁，在平台上关联进度、合同、成本、质量、安全、图纸、物料等信息，实现信息的无缝对接。

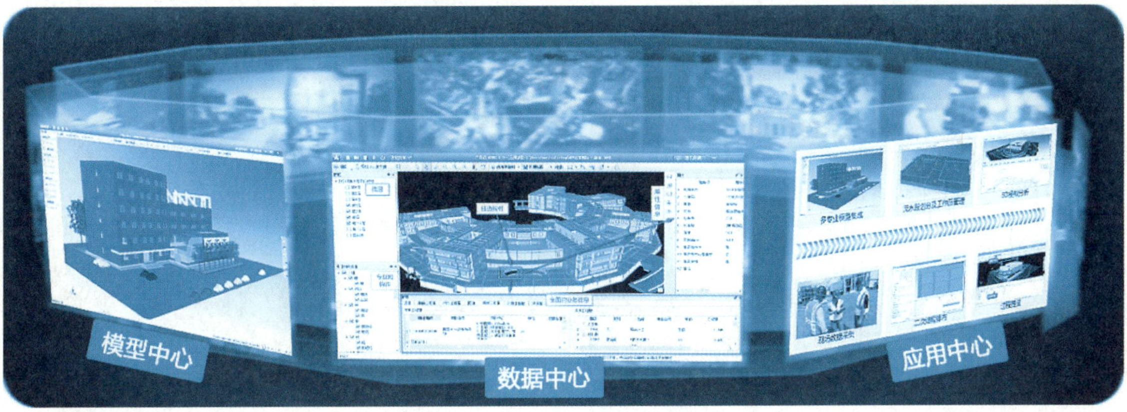

图 1.6 广联达 BIM5D 系统

1.4.7 广联达 BIM5D:“三端一云”介绍

广联达 BIM5D 产品涵盖了桌面端、移动端及 Web 端三大组成部分。通过 BIM 技术的运用，这些平台在项目的不同阶段提供了全面的支持。

(1) 5D 桌面端专注于解答“项目应该如何施工”的问题，面向技术员、预算员等专业人员。在施工准备阶段，它能集成不同专业的模型，进行进度关联、施工工程量和资源测算，为项目的顺利进行提供有力保障。

(2) 5D 现场移动端则聚焦于回答“项目实际施工得怎么样”的疑问，主要服务于施工员、质量安全员等现场工作人员。目前，它已具备质量、安全、进度信息的采集功能。未来，通过二维码扫描，施工人员将能在现场直接获取 5D 构件的详细信息，以及与之相关的施工工艺和质量要求说明，极大提升了施工效率和管理水平。

(3) 管理驾驶舱则致力于回答“项目整体状态如何”的疑问，为项目经理、总工、生产经理等企业管理者提供全面、准确的项目信息。它将 5D 桌面端和移动端的数据汇总，生成项目整体的进度、成本、质量、安全等方面的报告，帮助管理者全面了解项目的整体情况。

(4) BIM 云作为“三端”之间的数据存储和交互平台，如图 1.7 所示，基于广联云服务，确保了数据传递分享的实时性、准确性与有效性。BIM5D 依托这一云服务，实现了多部门、多岗位的协同 BIM 应用，为施工企业基于 BIM 技术的项目创造了更大的效益。

图 1.7 BIM 云

【科普知识】

注册一级建造师考试

在建筑领域,注册一级建造师资格代表着卓越的专业能力和丰富的实践经验。下面为大家详细介绍注册一级建造师考试。

1. 考试的性质与意义

注册一级建造师考试是由国家统一组织的职业资格考试,其目的在于选拔具备较高专业水平和管理能力的建筑工程专业人才。拥有一级建造师证书,不仅是对个人专业能力的认可,更是在建筑行业中担任重要岗位、承担重大工程项目的必备条件。

2. 报考条件

(1) 学历要求:通常要求大专及以上学历,不同学历对应的工作年限有所不同。

① 大学专科学历,工作满 6 年,其中从事建设工程项目施工管理工作满 4 年。

② 大学本科学历,工作满 4 年,其中从事建设工程项目施工管理工作满 3 年。

③ 双学士学位或研究生班毕业,工作满 3 年,其中从事建设工程项目施工管理工作满 2 年。

④ 硕士学位,工作满 2 年,其中从事建设工程项目施工管理工作满 1 年。

⑤ 博士学位,从事建设工程项目施工管理工作满 1 年。

(2) 专业要求:工程类或工程经济类专业。

3. 考试科目

(1)《建设工程经济》:主要考查工程经济方面的知识,包括资金的时间价值、财务评价、不确定性分析等内容。

(2)《建设工程项目管理》:涵盖项目管理的各个方面,如项目的组织与管理、进度管理、质量管理、成本管理、安全管理等。

(3)《建设工程法规及相关知识》:涉及建设工程领域的法律法规,包括建筑法、招标投标法、合同法等。

(4)《专业工程管理与实务》:根据考生所选专业分为建筑工程、公路工程、铁路工程、民航机场工程、港口与航道工程、水利水电工程、市政公用工程、通信与广电工程、矿业工程、机电工程等 10 个专业类别。该科目主要考查专业知识和实际应用能力。

4. 考试时间与题型

(1) 考试时间：一般在每年的 9 月份举行，考试分两天进行。

① 第一天：上午 9:00—11:00 考《建设工程经济》；下午 14:00—17:00 考《建设工程项目管理》。

② 第二天：上午 9:00—12:00 考《建设工程法规及相关知识》；下午 14:00—18:00 考《专业工程管理与实务》。

(2) 题型：

①《建设工程经济》：单选题 60 道，每题 1 分；多选题 20 道，每题 2 分。总分 100 分。

②《建设工程项目管理》：单选题 70 道，每题 1 分；多选题 30 道，每题 2 分。总分 130 分。

③《建设工程法规及相关知识》：单选题 70 道，每题 1 分；多选题 30 道，每题 2 分。总分 130 分。

④《专业工程管理与实务》：单选题 20 道，每题 1 分；多选题 10 道，每题 2 分；案例题 5 道，前 3 题每题 20 分，后 2 题每题 30 分。总分 160 分。

5. 考试难度与备考建议

(1) 考试难度：注册一级建造师考试具有一定的难度，需要考生具备扎实的专业知识和丰富的实践经验。考试内容涵盖面广，知识点多且复杂，对考生的综合能力要求较高。

(2) 备考建议：

① 制定合理的学习计划：根据自己的实际情况，制定详细的学习计划，合理安排学习时间。

② 选择适合的学习资料：可以选择官方教材、辅导书籍、在线课程等多种学习资料，结合自己的学习习惯进行。

③ 注重基础知识的学习：扎实掌握各个科目的基础知识，为后续的学习和复习打下坚实的基础。

④ 多做练习题：做练习题可以加深对知识点的理解和掌握，提高解题能力。

⑤ 参加模拟考试：在考试前参加模拟考试，熟悉考试流程和题型，提高应试能力。

⑥ 关注行业动态：及时了解建筑行业的最新政策、法规和技术标准，拓宽知识面。

6. 证书价值与职业发展

(1) 证书价值：注册一级建造师证书具有较高的含金量，是建筑企业资质升级、承接大型工程项目的必备条件。同时，证书也可以为个人带来较好的职业发展机会。

(2) 职业发展：拥有一级建造师证书的人员可以在建筑施工企业、工程咨询公司、房地产开发企业等单位担任项目经理、技术负责人等重要职务，也可以在政府部门、事业单位从事相关管理工作。

总之，注册一级建造师考试是建筑行业的重要考试之一，对于想要在建筑领域取得更高成就的人来说，是一个必须要跨越的门槛。

【思考与练习】

模块 2

招投标与合同管理

案例引入

在完成项目前期的各项准备工作以后，建设单位开始组织某专用宿舍楼工程的招标工作，并明确了招标项目的具体信息，包括项目名称（某专用宿舍楼工程）、招标范围、技术要求、工期要求及质量标准等。随后，建设单位发布了招标公告，公告中详细列出了招标条件、投标资格、投标文件提交方式及截止时间等关键信息，并通过多种渠道进行了广泛宣传，以吸引潜在投标方的关注。

在投标准备阶段，各潜在投标方根据招标公告的要求，积极收集项目相关资料，组织专业技术人员进行项目考察和现场勘察。他们深入研究项目需求，结合自身的施工经验和资源情况，制定了详细的投标方案。这些方案不仅包括了施工进度计划、资源投入计划、成本控制措施及质量保证体系等内容，还充分考虑了项目可能面临的风险和挑战，并提出了相应的应对措施。

投标文件提交后，建设单位组织了专业的评审团队对投标文件进行评审。在评审过程中，评审专家严格按照招标文件规定的评审标准和程序进行打分和排序。他们认真审阅了投标文件中的各项内容，包括施工方案、报价单、企业资质证明及业绩证明等，并进行了充分的讨论和比较。最终，评审团队根据综合得分情况，确定了中标候选人，并报请建设单位进行审批。

中标结果确定后，建设单位及时向中标方发出了中标通知书，并与中标方签订了施工合同。合同中明确约定了双方的权利和义务，包括工程范围、工期要求、质量标准、付款方式及违约责任等关键条款。同时，建设单位还组织召开了项目启动会议，向中标方详细介绍了项目背景、目标及要求，并明确了项目管理的各项制度和流程。

在整个招标过程中，建设单位始终秉持着公正、公平、公开的原则，确保了招标工作的顺利进行。同时，他们也注重与潜在投标方的沟通和交流，及时解答投标方的疑问和关切，为投标方提供了良好的投标环境。这种做法不仅提高了招标工作的效率和透明度，也增强了投标方的信任感和满意度。

在中标通知书正式公布后的第三十天之前，建设单位与施工单位依照事先约定的条款，共同签署了《某专用宿舍楼工程施工承包合同》。这份合同是基于单价合同的形式制定的，其中详细列明了双方的权利与义务，以及工程的具体要求和标准。合同的主要内容包括但不限于工程的范围、施工的期限、质量标准、安全要求、付款方式、违约责任及争议解决机制等关键条款。施工单位在签订合同后，将依据合同中的各项规定，开展全面的项目管理工作，确保工程的顺利进行和最终交付。

根据以上内容总结招投标的流程和施工承包合同的主要内容。

课程目标

(1) 掌握施工招标和施工投标的流程。
(2) 了解建设工程施工合同的组成。
(3) 掌握建设工程合同的计价方式。

2.1　施 工 招 标

2.1.1　招标条件

建设工程施工招标需满足以下 5 个条件：第一，招标人必须依法设立；第二，若涉及初步设计及概算的审批手续，必须已获得批准；第三，招标范围、方式和组织形式等核准手续亦需得到核准；第四，还需确保有充足的资金或已落实的资金来源；第五，招标所需的设计图纸及技术资料亦应齐备。这些条件不仅确保了项目和项目法人的法律合规性，也为项目的顺利推进提供了技术和经济上的坚实支撑。

2.1.2　必须招标的项目

理论上而言，在市场经济的框架内，业主对于建设工程项目是否通过招标来选定承包人拥有绝对的决策权；同时，业主也拥有决定招标方式的自主权。然而，为了维护公共利益，各国法律均明确规定，涉及政府资金投资的公共项目(包括部分及全额投资项目)及涉及公共利益的其他资金投资项目，在投资额达到一定标准时，必须采用招标方式进行采购。我国对此亦有详尽的法规要求。

根据《中华人民共和国招标投标法》，以下项目适宜采用招标方式确定承包人。

(1) 大型基础设施、公用事业等与社会公共利益、公众安全密切相关的项目。
(2) 全部或部分使用国有资金投资，或采用国家融资的项目。
(3) 使用国际组织或外国政府贷款、援助资金的项目。

2.1.3　招标方式的确定

《中华人民共和国招标投标法》明确了招标主要分为公开招标和邀请招标两种方式。

1. 公开招标

公开招标，即无限竞争性招标，指的是招标人在公共媒体上公开发布招标公告，明确招标项目和要求。任何符合条件的法人或组织均有资格参与投标，享有平等的竞争机会。按照规定应招标的建设工程项目，原则上应采取公开招标形式。公开招标之优势在于，招标人可在众多投标者中，挑选出报价合理、工期短、技术可靠且资信优良的中标人。然而，这种方式在资格审查和评标上投入的工作量大、耗时长且费用高，若资格预审把关不严，还可能出现鱼目混珠的情况。此外，采用公开招标时，招标人不得以不合理条件限制或排斥潜在投标人，如地域或系统限制等。

2. 邀请招标

邀请招标，又称有限竞争性招标，是招标人事先经过考察和筛选后，向特定法人或组织发出投标邀请书的方式。为了维护公共利益，防止邀请招标方式被滥用，各国及世界银行等金融组织均设有相关规定：依法应招标的建设工程项目，一般需采用公开招标形式；如需采用邀请招标，须经过批准。

对于某些特殊项目，邀请招标方式可能更为适宜。根据《中华人民共和国招标投标法实施条例》第八条，国有资金占控股或主导地位的依法必须招标项目，原则上应公开招标；但在以下情况下，可邀请招标：

(1) 技术复杂、有特殊要求或受自然环境限制，仅有少量潜在投标人可供选择；

(2) 采用公开招标方式的费用占项目合同金额比例过大。

招标人采用邀请招标时，应向三个及以上具备承担招标项目能力、资信良好的特定法人或组织发出投标邀请书。

在世界银行贷款项目中，工程和货物的采购可采取多种方式，包括国际竞争性招标、有限国际招标、国内竞争性招标、询价采购、直接签订合同及自营工程等。其中，国际竞争性招标和国内竞争性招标均属于公开招标范畴，而有限国际招标则与邀请招标相当。

2.1.4 自行招标与委托招标

招标人具备独立处理招标事宜的权限，既可以选择自行办理，也可以委托专业的招标代理机构代为处理。若选择自行办理，招标人应确保拥有编制招标文件和组织评标的专业能力，即需配备与招标项目规模及复杂程度相匹配的技术、经济等方面的专业人员。

对于不具备自行招标能力的招标人，必须依法委托具备相应资质的招标代理机构代为处理招标事宜，以确保招标的规范性和专业性。

此外，工程招标代理机构具有跨省、自治区、直辖市承接工程招标代理业务的资格，为招标人提供了更广泛的选择空间。

2.1.5 招标信息发布与修改

1. 招标信息发布

工程招标是一项公开透明的经济活动，因此必须采取公开的方式发布招标信息。根据《招标公告和公示信息发布管理办法》(国家发展改革委第 10 号令，自 2018 年 1 月 1 日起执行)，所有依法必须招标的项目，其招标公告和公示信息必须在“中国招标投标公共服务平台”或项目所在地的省级电子招标投标公共服务平台(以下统称“发布媒介”)进行发布。

这些依法必须招标的项目，其资格预审公告和招标公告应明确包含以下关键信息。

(1) 招标项目的详细名称、内容、范围、规模及资金来源。

(2) 投标者需满足的资格能力要求，以及是否接受联合体投标。

(3) 获取资格预审文件或招标文件的具体时间和方式。

(4) 提交资格预审文件或投标文件的截止时间和方式。

(5) 招标人及其招标代理机构的准确名称、地址、联系人及联系方式。

(6) 如采用电子招标投标方式，潜在投标人应知晓访问电子招标投标交易平台的网址和操作方法。

(7) 其他依法应明确标注的内容。

招标人或其委托的招标代理机构必须确保招标公告内容的真实性、准确性和完整性。这些公告和公示信息应遵循相关的招标投标法律法规，以及国家发展改革委会同有关部门制定的标准文件进行编制，确保标准化和格式化。

拟发布的招标公告和公示信息文本需经招标人或其招标代理机构盖章，并由主要负责人或其授权的项目负责人签名。例如采用电子签名形式，应按照规定进行电子签名。招标人或其招标代理机构在发布招标公告和公示信息时，必须遵守关于时限的法律法规规定。

除在发布媒介上发布外，招标人或其招标代理机构还可以在其他媒介上同步公开招标公告和公示信息，但必须确保内容的一致性。其他媒介在转载这些信息时，必须全文转载且不得改变内容，同时注明信息来源。

招标人需按照招标公告或投标邀请书规定的时间和地点出售招标文件或资格预审文件，且从出售之日至停止出售之日的最短期限不得少于 5 日。投标人需自费购买相关文件。招标人收取的费用仅限于补偿印刷和邮寄成本，不得营利。对于设计文件，招标人可酌情收取押金，并在投标人退还设计文件后退还押金。招标文件或资格预审文件售出后，不予退还。招标人在发布招标公告、发出投标邀请书或招标文件后，不得擅自终止招标。

2. 招标信息的修正

若招标人在发布招标文件后，发现需要澄清或修改的内容，必须遵循以下原则进行操作。

(1) 时限：招标人若需对已发出的招标文件进行必要的澄清或修改，应确保在招标文件规定的投标文件提交截止时间至少 15 日前发出通知。

(2) 形式：所有涉及澄清的文件必须以书面形式进行，以确保信息的准确性和正式性。

(3) 全面性：所有澄清文件应直接、全面地通知所有招标文件的收受人，确保所有相关方都能及时了解并处理相关信息。

鉴于修正与澄清文件是对原招标文件的补充或说明，其内容应视为招标文件的有效组成部分，具有相应的法律效力。

2.1.6　资格预审

招标人可以根据招标项目的独特性和需求，要求投标申请人提交相关资质、业绩和能力的证明材料，并对其进行严格的资格审查。资格审查流程涵盖资格预审和资格后审两个环节。其中，资格预审特指在招标启动之前或初期，招标人对潜在投标人的资质条件、业绩、信誉、技术实力、资金状况等多方面进行全面评估，以确保只有合格的潜在投标人方可参与投标。

通过资格预审，招标人能够深入了解潜在投标人的资信状况，包括其财务状况、技术能力及过往类似项目的施工经验，从而筛选出优秀的投标候选人，降低合同授予不合格投标人的风险。同时，此过程能有效控制投标人数，减少冗余投标，进而缩短评审时间，降低评审成本，并为不合格的潜在投标人节省无效的投标成本。此外，资格预审还有助于招标人掌握潜在投标人对项目的兴趣程度，若兴趣度低于预期，招标人可调整招标条款以吸引更多竞争者。

资格预审的执行需遵循严谨的程序，一般包括以下步骤。

(1) 由业主或委托的咨询公司编制资格预审文件,内容涵盖工程项目简介、对潜在投标人的要求及各类附表等。为确保文件内容的完整性和准确性,可成立由业主、咨询公司专业人员和相关专家组成的起草工作小组。

(2) 在国内外相关媒体上发布资格预审公告,邀请有意参与投标的单位申请资格审查。明确资格预审通知的内容,包括业主和工程师信息、工程概况、资金来源、资格预审文件发售信息、关键日期、招标文件和投标文件提交计划、申请须知及截止日期等。

(3) 在指定时间和指定地点开始售卖资格预审文件,并公布答疑时间。

(4) 投标意向者可能对资格预审文件有疑问,须以书面形式提交给业主,并由业主将统一书面答复,确保所有投标意向者获得的信息量相同。

(5) 投标意向者需在截止日期前完成填报内容并提交资格预审文件,文件一旦提交后不得修改。业主可就文件中的疑点要求投标意向者进行澄清,但不允许修改实质内容。

(6) 业主组织资格预审评审委员会对投标文件进行评审,并及时将结果书面通知所有投标意向者。通过预审的投标人将被告知招标文件的发售时间和地点。若通过资格预审的申请人少于 3 个,须重新进行资格预审。

根据《中华人民共和国招标投标法实施条例》第三十二条,招标人须避免以不合理条件限制或排斥潜在投标人。以下行为均被视为不合理限制:提供有差别的项目信息、设定与项目特点不符的资格条件、以特定业绩或奖项作为加分或中标条件、采用不同的审查或评标标准、限定特定的专利、商标、品牌等,以及非法限定投标人的所有制或组织形式等。

2.1.7 标前会议

标前会议,即投标预备会或招标文件交底会,是招标人遵循投标须知所规定的时间与地点召开的会议。在此会议上,招标人不仅详细介绍工程概况,还可能对招标文件中的特定内容进行必要的修改或补充解释。同时,对于投标人在书面或会议现场提出的问题,招标人将给予详尽的解答。会议结束后,招标人将确保以书面通知的形式,将会议纪要传达给每位投标人。

无论是会议纪要,还是对特定投标人的问题解答,都将以书面形式发送给所有获得招标文件的投标人,以确保整个招标过程的公平与公正。但请注意,对于问题的答复,无须说明其来源。

会议纪要和答复函件均构成招标文件的补充文件,它们与招标文件具有同等的法律效力。当补充文件与招标文件内容存在不一致的情况时,应以补充文件为准。为了确保投标单位在编写投标文件时有足够的时间来消化招标人对招标文件的补充或修改内容,招标人有权根据实际情况在标前会议上决定延长投标截止时间。

2.1.8 评标

评标流程涵盖多个关键阶段,包括评标准备、初步评审、详细评审及编写评标报告等。在初步评审阶段,主要聚焦于投标文件的符合性审查,确保投标书实质上响应了招标文件的要求。审查内容涵盖投标资格、文件完整性、投标担保的有效性,以及投标文件与招标文件之间是否存在显著差异或保留项。若投标文件未能实质上响应招标文件要求,将被视为无效标,并终止后续评审。

此外,报价计算的正确性亦需严格审查。若存在大小写不一致、单价与数量的乘积之和与所报总价不符、标书正本与副本内容差异等情况，通常以大写金额、单价或正本内容为准。任何修改均需投标人代表签字确认。

详细评审作为评标的核心环节，侧重于对投标书的实质性审查，涵盖技术评审和商务评审两大方面。技术评审旨在评估投标书在技术方案、技术措施、技术手段、技术装备、人员配备、组织结构、进度计划等方面的先进性、合理性、可靠性、安全性及经济性，而商务评审则聚焦于投标书的报价水平、报价构成、计价方式、计算方法、支付条件、收费标准、价格调整、税费、保险及优惠条件等方面。

评标方法可以根据具体招标内容灵活选择，如评议法、综合评分法或评价法等。评标结束后，评标委员会需推荐中标候选人，数量限定在 1～3 人，并明确排列顺序。

根据 2017 年修订的《中华人民共和国招标投标法实施条例》，招标人将依据评标委员会提交的书面评标报告及推荐的中标候选人名单，确定中标人。招标人亦可授权评标委员会直接确定中标人，或在招标文件中明确规定排名第一的中标候选人为中标人，并明确相应情况下的处理规则。

2.1.9 评标专家的资格与组成

评标专家的资格与组成的相关规定主要依据的是《中华人民共和国招标投标法》及其实施条例，以及其他相关的法规和指导文件。以下是评标专家的资格条件与组成的概括性说明。

1. 评标专家的资格条件

(1) 专业资格：通常需要具有高级专业技术职称，如高级工程师、高级经济师等，或者具有同等专业水平。

(2) 工作经验：在相关领域内有至少 8 年的工作经验。

(3) 专业知识：熟悉招标投标的相关法律法规，并具备一定的专业知识。

(4) 职业道德：具有良好的职业道德和社会信誉，能够公正、公平地履行职责。

(5) 无利益冲突：没有与招标项目相关的利益冲突。

2. 评标专家的组成

1) 评委会构成

(1) 评标委员会由招标人的代表及技术、经济专家组成。

(2) 成员人数为 5 人及以上单数。

(3) 技术和经济专家不得少于成员总数的三分之二。

2) 成员来源

(1) 评标专家可以从省级以上人民政府提供的专家名册或招标代理机构的专家库中选择，如图 2.1 所示。

(2) 在某些情况下，如政府采购和机电产品国际招标项目，对评标专家的专业水平要求可能略有不同。

3) 回避原则

如果评标专家与投标人之间存在利害关系，则应当主动申请回避。

4) 随机抽取

评标专家通常是从专家库中随机抽取的，以保证评标过程的公正性和透明度。

这些规定旨在确保评标工作的公正性和专业性。评标专家在评标过程中扮演着至关重要的角色，他们需要根据评标标准和程序对投标文件进行客观、公正的评价，从而帮助招标人选出最合适的投标人。

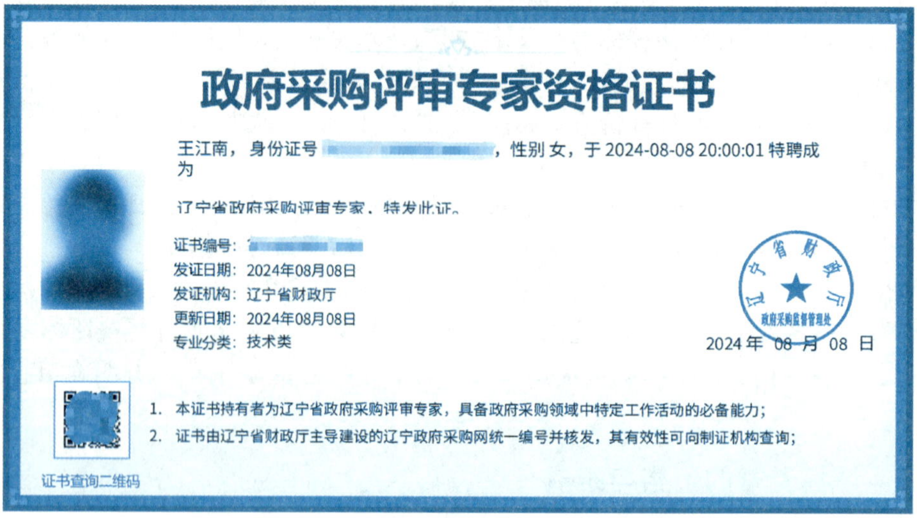

图 2.1 政府采购评审专家资格证书

2.2 施 工 投 标

2.2.1 研究招标文件

投标单位一旦获得投标资格并接收到招标文件，首要任务便是详尽且深入地研究招标文件，全面把握其内容及要求，从而精准规划投标策略。

研究招标文件时，应特别关注投标人须知、合同条款、设计图纸、工程范围及工程量清单，同时深入剖析技术规范要求，以确保对任何特殊需求有清晰的认识。投标人应聚焦于招标文件的以下核心要点。

1. 投标人须知

投标人须知是招标人向投标者传递基本信息的核心文件，涵盖工程概况、招标内容、招标文件与投标文件的组成、报价原则、招标投标时间安排等关键信息。投标者需仔细审查招标工程的详细内容及范围，确保无遗漏或误报。同时，必须注意投标文件的完整性，避免因资料不全而招致废标。例如，一些信誉良好的知名企业曾因遗漏资产负债表而错失中标机会。此外，招标答疑时间、投标截止时间等关键时间节点亦不容忽视，以免因错过或延误而错失竞争机会。

2. 投标书附录与合同条件

此部分作为招标文件的重要组成部分，可能包含了招标人的特殊要求，即中标后投标人将享有的权益、需承担的义务及责任等。投标人在报价时必须充分考虑这些因素。

3. 技术说明

投标人应深入研究招标文件中的施工技术说明，熟悉所采用的技术规范，并明确有无特殊施工技术或材料设备要求。同时，需了解待用材料、设备的选择规定，以便根据定额及市场情况确定价格，准确计算有特殊要求项目的报价。

4. 永久性工程之外的报价补充文件

永久性工程指合同标的物——建设工程项目及其附属设施。但为确保工程顺利进行，业主可能对承包商提出额外要求，如旧有建筑物和设施的拆除、工程师现场办公室及其开支、模型、广告、工程照片和会议费用等。如有此类要求，投标人须将其纳入工程总价，并明确所有费用的计算方式，以避免遗漏带来的损失。

2.2.2 进行各项调查研究

在研究招标文件的过程中，投标人须进行详尽的调研工作，主要涵盖招标工程所处的自然、经济和社会环境，这些因素作为工程施工的关键制约要素，无疑将深刻影响工程成本，并因此成为投标报价时必须权衡的核心要素。因此，在拟定报价前，全面而准确地了解这些要素显得尤为关键。

具体调研工作应涵盖以下几个方面。

1. 市场宏观经济环境调研

需要深入探究工程所在地的经济形势与状况，包括与投标工程密切相关的法律法规、劳动力与材料的供应动态、设备市场的租赁情况、专业施工公司的运营状态与价格标准等。

2. 工程现场及地区环境考察

对施工现场进行细致的观察与分析，同时针对工程所在区域的整体环境展开调查，包括自然条件、施工条件及周边环境，如地质地貌、气候条件、交通状况、水电供应等及其他资源情况。

3. 工程业主与竞争对手调研

详细了解业主、咨询工程师的情况，特别关注业主的项目资金状况；同时，对参与竞争的其他公司及工程所在地的工程公司进行全面分析，并考察其与其他承包商或分包商的关系。通过参与现场踏勘与标前会议，可以获取更多有价值的信息。

2.2.3 复核工程量

尽管某些招标文件中已提供工程量清单，投标者仍需进行复核，因为此举直接关系投标报价和中标概率。例如，投标者在确定工程总报价后，可采取不平衡报价法等策略，针对预期工程量可能增加的项目提高报价，而对预期工程量可能减少的项目则适当降低报价。

对于单价合同，虽然工程款以实测工程量结算，但投标者仍需基于图纸对工程量进行仔细核算。一旦发现较大差异，投标者应及时向招标人提出澄清要求。

而对于总价固定合同，工程量的准确估算尤为重要，因为任何误差都可能导致无法挽回的经济损失。此类合同以总报价为基础进行结算，工程量的任何差异都可能对施工方产生严重不利影响。若业主在投标前未对争议工程量进行更正，且对投标者不利，投标者应在投标时明确声明：某项工程量存在错误，施工结算应依据实际完成量进行计算。

承包商在核算工程量时，还需参照招标文件中的技术规范，详细了解每一项目的具体内容，以避免在计算单位、工程量或价格方面出现错误或遗漏。

2.2.4 选择施工方案

施工方案不仅是报价的基石，更是招标人在评标过程中应该着重考量的一环。施工方案的独特性直接决定了人工、机械与材料的消耗，进而形成相应的报价。因此，深入理解并明确分项工程的内容、工程量、相关工作细节、工程进度计划的各项要求、机械设备状态及劳动与组织状况等核心要素，是制定合理施工方案的前提。

施工方案的编制应由投标人的技术负责人亲自负责，充分考虑施工方法的选择、主要施工机具的配置、各工种劳动力的合理安排、现场施工人员的平衡调度、施工进度及分批竣工的精细规划，以及必要的安全措施等。这一方案的制订，既要在技术、工期和质量保证上满足招标人的期望，又要有利于降低施工成本，实现经济效益的最大化。

(1) 在选择施工方法时，应基于分类汇总的工程数量、工程进度计划中该类工程的施工周期、合同技术规范要求及施工条件和其他实际情况，结合自身的施工能力，综合考量各种施工方法在保证计划目标、工程质量、设备费用节约和劳务成本降低等方面的水平，从而选定最适用、最经济的施工方案。

(2) 根据确定的施工方法，选择相应的机具设备，并精确计算所需数量和使用周期。在此基础上，研究并确定采购新设备、租赁当地设备或调动企业现有设备的最佳方案。

(3) 仔细研究并制定工程分包计划，基于概略指标估算劳务数量，合理安排其来源及进场时间，并留意当地是否有限制外籍劳务的相关规定。同时，根据劳务数量，估算所需管理人员和生活性临时设施的数量和标准。

(4) 利用概略指标对主要的和大宗建筑材料的需用量进行估算，考虑其来源和分批进场的时间安排，以便准确规划现场用于存储、加工的临时设施，如仓库、露天堆放场、加工场地或工棚等。

(5) 根据现场设备、高峰人数及生产和生活的实际需求，估算现场用水量、用电量，并据此确定临时供电和供排水设施。同时，考虑外部和内部材料供应的运输方式，估算所需的运输和交通车辆的数量和来源。此外，还应考虑其他临时工程的需要和建设方案，并制订相应的保障措施，以应对特殊施工条件，如地下水处理、冬季、雨季施工措施及现场安全保卫设施等。

2.2.5 成本核算

成本核算是投标人为预测招标工程施工所需各项费用而进行的详细核算。在核算过程中，首要步骤是根据招标文件对工程量进行复核或计算。同时，为了确保核算的准确性，必须预先明确施工方案和施工进度，这是成本核算不可或缺的先决条件。此外，成本核算还需与合同所采用的计价方式保持一致，以确保核算结果与合同要求相协调。

2.2.6 确定投标策略

一个精心制订的投标策略对于提升中标概率和确保可观的利润至关重要。常见的投标策略包括凭借卓越的信誉、提供具有竞争力的价格、缩短项目工期、优化设计方案，或是采用先进、独特的施工方案等。这些不同的策略需要在投标过程中的各个环节(如施工方案制订、成本核算等)中得到体现和贯彻，以确保策略的有效性和实施性。

2.2.7 正式投标

投标人按照招标人的要求精心准备并填报标书后，便可正式向招标人提交投标文件。在投标过程中，请注意以下几点关键要素。

(1) 严格遵循投标截止日期：招标人所设定的投标截止日期是提交标书的最后时限。投标人须在此日期前提交标书，以确保投标的有效性。逾期提交的标书将视为无效投标，招标人有权拒绝接受。

(2) 确保投标文件的完整性：投标人应严格按照招标文件的要求编制投标文件，对招标文件中的实质性要求和条件作出全面响应。任何投标文件的缺失或未达到招标人要求的情况，均可能被视为对招标文件的否定，从而不被招标人所接受。一旦中标，投标人须依据投标文件所规定的方案执行工程，包括但不限于质量标准、工期与进度计划、报价限额等关键指标，以及招标人提出的其他要求。

(3) 遵循投标书提交标准：投标书的提交应遵循固定的要求，主要包括：规范的章节结构、适当的密封方式。若密封不符合要求，投标将被视为无效。此外，投标书还需按照要求签章，包括投标企业的公章和企业法人的名章(或签字)。若项目所在地与企业距离较远，由当地项目经理部组织投标时，还需提交企业法人对投标项目经理的授权委托书。

2.2.8　签订合同

招标人与中标人须在中标通知书发出后的 30 日内，依据招标文件和中标文件，正式签署书面合同，确保合同条款与招标、投标文件中的相关条款保持一致。严禁双方签订与合同核心内容相抵触的其他协议。招标人应在合同签署后规定的期限内，全额退还所有投标人的投标保证金及其产生的利息(一般为合同签署后的数个工作日内)。若中标人无正当理由拒绝签署合同，其投标保证金将不予退还，并须按要求提交履约保证金，该保证金金额不得超过合同总金额的 10%。整个招标、中标、合同签订的过程均秉承公平、公正、公开的原则，旨在确保合同双方的权益得到充分保障，同时确保工程项目的顺利进行和圆满完成。

2.3　建设工程项目合同管理

2.3.1　合同的概念

合同，亦称契约，是具备平等民事主体资格的当事人(包括自然人和法人)为达成某一目标，经自愿、平等协商，就设立、变更或终止民事权利义务关系而达成的协议。

1. 合同具备的显著特征

(1) 合同是一种法律行为。其成立是基于合同双方当事人的共同意愿，只有当双方的意见表示一致时，合同方能生效。任何一方未能履行或未能完全履行合同，都将承担相应的经济或法律责任。

(2) 合同中的双方当事人享有平等的地位。在协商制定合同时，双方应以平等的民事主体地位进行，任何一方均不得将自己的意志强加于另一方，同时任何单位或机构亦不得非法干预。这是保障当事人自由表达意志的前提，也是合同双方权利、义务相互对等的基础。

(3) 合同关系是一种具有强制性的法律关系。这种关系不同于一般的道德关系，而是受到国家法律保护的民事法律关系。任何不履行合同的行为都将受到国家法律的制裁。

2. 建设工程项目合同的种类

建设工程项目合同的种类繁多，根据项目的不同阶段和性质，合同可以细分为以下几类。

(1) 施工合同：施工合同是建设工程项目中最常见的合同类型，主要用于约定施工单位(即承包商)按照建设单位的要求，完成工程项目的施工任务，并交付合格的工程成果。施工合同通常包括工程的范围、工期、质量、价格、支付方式等关键条款。

(2) 设计合同：设计合同是建设单位与设计单位签订的，约定设计单位按照建设单位的要求，提供工程项目的设计方案、施工图纸等设计成果的合同。设计合同的内容通常包括设计范围、设计深度、设计标准、设计费用等。

(3) 勘察合同：勘察合同是建设单位与勘察单位签订的，约定勘察单位按照建设单位的要求，对工程项目进行地质勘察、地形测量等勘察工作，并提供勘察报告的合同。勘察合同的内容通常包括勘察范围、勘察方法、勘察周期、勘察费用等。

(4) 材料设备采购合同：材料设备采购合同是建设单位与材料设备供应商签订的，约定供应商按照建设单位的要求，提供工程项目所需的材料、设备等的合同。采购合同的内容通常包括材料设备的规格、数量、价格、交货时间、付款方式等。

(5) 监理合同：监理合同是建设单位与监理单位签订的，约定监理单位按照建设单位的要求，对工程项目的施工过程进行监督管理，确保工程按照设计要求和质量标准进行施工的合同。监理合同的内容通常包括监理范围、监理期限、监理费用等。

除了以上几类合同外，建设工程项目还可能涉及其他类型的合同，如工程造价咨询合同、工程保险合同等。在签订合同时，双方应明确合同类型、合同内容、双方的权利和义务等关键条款，以确保合同的有效性和可执行性。

2.3.2 建设工程项目施工合同

1. 施工合同的基本概念

施工合同，亦称建筑安装工程承包合同，是发包方与承包方为完成特定建设工程项目的建筑安装任务，明确各自权利与义务而签订的正式协议。合同的主体分别为发包方和承包方，其中发包方可为建设工程业主或建设工程总承包商，而承包方则需为具备相应资质的施工企业。

2. 施工合同的核心特征

相较于其他合同类型，施工合同在具备建设工程合同普遍特征的基础上，还呈现出以下独特之处。

(1) 合同履行期长。作为建设工程项目实施的核心环节，施工阶段历时最长，自然其合同执行期限也最为长久。加之施工单位需对所完成工程进行质量保修，且保修期较以往有所延长，进一步加剧了施工合同周期的延长。

(2) 合同金额庞大。施工阶段是建设工程项目中资金投入最为集中的阶段，鉴于工程项目的巨额投资，大部分资金将在此阶段被消耗，故施工合同的涉及金额尤为巨大。

(3) 施工要求严苛。随着我国建筑产品向高、大、难、深方向迈进，施工阶段的技术要求与难度也随之攀升，对施工方的专业素养与综合能力提出了更为严格的要求。

(4) 外部关系复杂。建设工程施工的特性决定了业主与承包商需与众多单位建立联系，包括政府主管部门、街道社区、采购供应方及质量检测机构等，从而使得施工合同在执行过程中需面对纷繁复杂的外部关系。

3. 施工合同文件的组成

施工合同文件涵盖多个关键组成部分，包括合同协议书、中标通知书、投标函及其附录、专用合同条款、通用合同条款、技术标准和要求、图纸、已标价工程量清单，以及构成施工合同的其他重要文件。合同协议书作为核心文件，详细规定了工程概况、合同工期、质量标准、签约合同价及合同价格形式、项目经理的选定、合同文件的构成、双方的承诺及合同生效条件等关键内容，从而明确了合同当事人的基本权利和义务。一旦施工发包人和承包人的法定代表人或其委托代理人在合同协议书上签字并加盖单位公章，施工合同即正式生效。

4. 施工合同文件的优先解释顺序

组成施工合同的各项文件应相互补充、互为阐释，以确保合同内容的完整性和准确性。在专用合同条款无特别规定的情况下，合同文件的解释顺序如下：

(1) 合同协议书，作为合同的核心和基础；

(2) 中标通知书，作为合同生效的重要凭证；

(3) 投标函及其附录，详细阐述投标人的意愿和承诺；

(4) 专用合同条款，针对具体项目所制定的特定条款；

(5) 通用合同条款，普遍适用于各类建设工程的通用规定；

(6) 技术标准和要求，明确施工的技术规范和质量标准；

(7) 图纸，详细展示施工项目的结构、布局和设计细节；

(8) 已标价工程量清单，详细列出工程项目及其对应的价格；

(9) 其他合同文件，包括但不限于备忘录、变更协议等补充文件。

此顺序为合同文件解释的优先级，确保在合同执行过程中能够准确、一致地理解合同条款。

2.3.3 《建设工程施工合同(示范文本)》简介

为了规范建设工程施工合同当事人的签约行为，切实保障合同当事人的合法权益，基于《中华人民共和国合同法》《中华人民共和国建筑法》《中华人民共和国招标投标法》及相关法律法规的明确规定，住房城乡建设部与国家市场监督管理总局联合颁布了《建设工程施工合同(示范文本)》(GF-2017-0201)，旨在为各方提供一份标准的合同模板。《示范文本》的组成如下：

《示范文本》由合同协议书、通用合同条款和专用合同条款三部分组成。

1. 合同协议书

《示范文本》合同协议书共 13 条，主要包括：工程概况、合同工期、质量标准、签约合同价和合同价格形式、项目经理、合同文件构成、承诺，以及合同生效条件等重要内容，集中约定了合同当事人基本的合同权利义务。

2. 通用合同条款

通用合同条款是合同当事人根据《中华人民共和国建筑法》《中华人民共和国合同法》等法律法规的规定，就工程建设的实施及相关事项，对合同当事人的权利义务作出的原则性约定。

通用合同条款共计 20 条，具体条款分别为：一般约定、发包人、承包人、监理人、工程质量、安全文明施工与环境保护、工期和进度、材料与设备、试验与检验、变更、价格调整、合同价格、计量与支付、验收和工程试车、竣工结算、缺陷责任与保修、违约、不可抗力、保险、索赔和争议解决。前述条款安排既考虑了现行法律法规对工程建设的有关要求,也考虑了建设工程施工管理的特殊需要。

通用条款是根据《中华人民共和国民法典》《中华人民共和国建筑法》和《建设工程施工合同管理办法》等法律、行政法规对承发包双方的权利义务作出的具体规定,除双方协商一致对其中的某些条款进行修改、补充或取消外,双方都必须履行。我国《建设工程施工合同(示范文本)》通用条款基本适用于各类建设工程,通用条款为词语定义及合同文件,包括双方一般权利和义务、施工组织设计和工期、质量与检验、安全施工、合同价款与支付、材料设备供应、工程变更、竣工验收与结算、违约索赔和争议及其他。

3. 专用合同条款

专用合同条款是对通用合同条款原则性约定的细化、完善、补充、修改或另行约定的条款。合同当事人可以根据不同建设工程的特点及具体情况,通过双方的谈判、协商对相应的专用合同条款进行修改补充。在使用专用合同条款时,应注意以下事项。

(1) 专用合同条款的编号应与相应的通用合同条款的编号一致。

(2) 合同当事人可以通过对专用合同条款的修改,满足具体建设工程的特殊要求,避免直接修改通用合同条款。

(3) 在专用合同条款中有横道线的地方,合同当事人可针对相应的通用合同条款进行细化、完善、补充、修改或另行约定;如无细化、完善、补充、修改或另行约定,则填写“无”或画“/”。

4. 附件

《示范文本》中除了合同协议书、通用合同条款、专用合同条款外,还包含了 11 个附件,分别为:

附件 1:承包人承揽工程项目一览表

附件 2:发包人供应材料设备一览表

附件 3:工程质量保修书

附件 4:主要建设工程文件目录

附件 5:承包人用于本工程施工的机械设备表

附件 6:承包人主要施工管理人员表

附件 7:分包人主要施工管理人员表

附件 8:履约担保格式

附件 9:预付款担保格式

附件 10:支付担保格式

附件 11:暂估价一览表

2.3.4 建设工程合同计价方式

合同计价方式的差异直接影响着工程合同双方所需承担的合同风险。具体来说,工程合同的计价方式主要可分为三种:总价合同、单价合同和成本加酬金合同。这三种计价方式各自对应着不同的合同定价机制,从而决定了合同双方在项目执行过程中所需面对的风险类型和程度。

1. 总价合同

总价合同,即建设单位与承包单位之间依据一个固定总价达成的合同,要求承包单位按照此价格完成合同规定的全部工程任务。根据合同总价的可调性，总价合同分为固定总价合同和可调总价合同。

固定总价合同，指承包单位以投标时建设单位接受的投标报价为基准，对工程项目进行一次性定价的计价方式。在合同执行期间，除非建设单位要求变更原定承包内容，否则承包单位在完成承包任务后，不论实际成本如何，都应按照签约合同价获得工程款支付。这种合同形式要求承包单位在投标时充分考虑并承担合同履行中的主要风险，因此往往报价较高。固定总价合同适用于施工图设计文件已完备、施工任务和发包范围明确、合同履行中设计变更可能性较小的工程。同时，适用于工程规模较小、技术相对简单的中小型工程或工作内容较为简单的工程部位，承包单位在投标报价时能够合理预见可能遇到的风险。此外，对于工程量小、工期较短的工程(一般不超过 1 年)，合同双方也可选择固定总价合同，以减少市场价格浮动对承包价格的影响。

可调总价合同，则是在固定总价合同的基础上，针对合同履行过程中可能因市场价格变动、工程变更等因素导致的工程成本增加，允许按照合同约定对合同总价进行调整的计价方式。对于工期较长(超过 1 年)的工程，由于承包单位在投标报价时无法完全预见合同履行过程中市场价格变动等因素的影响，因此应在合同中明确约定合同价款的调整原则、方法和依据。常见的调价方法包括文件证明法、票据价格调整法和公式调价法，以确保合同双方能够公平、合理地分担合同履行过程中的风险。

2. 单价合同

单价合同，即承包单位在投标时，依据工程量清单中的分项工作内容，填报相应的单价，并于工程完工后，以实际完成的工程量乘以所报单价计算工程价款的合同形式。所填报的单价应涵盖所有摊销费用，形成综合单价，而非直接费用单价。除非有特殊情况，否则在合同履行过程中，单价一般不予变更。

单价合同多适用于工期长、技术复杂、实施过程中不可预见因素较多的大型工程，以及建设单位为缩短建设周期，初步设计完成后即启动招标的项目。在此类合同中，工程量清单所列工程量为估算值，并非实际完成量。

单价合同形式有助于合同双方合理分担合同履行过程中的风险。由于承包单位投标时依据的清单工程量为估算值，当实际完成量与估算量存在较大差异时，单价合同能有效避免建设单位产生过多额外支出或承包单位遭受较大损失。此外，承包单位在投标时无法准确预见的风险因素，也不必计入合同价，有利于建设单位获得更合理的报价。

与总价合同类似，单价合同也可分为固定单价合同和可调单价合同。固定单价合同下，无论发生何种影响价格的因素，合同单价均不再调整，对承包单位而言存在一定风险。而可调单价合同则允许在工程量变化超过一定比例或市场价格、国家政策发生变化时，对合同单价进行相应调整，承包单位的风险相对较小。

3. 成本加酬金合同

成本加酬金合同，亦称成本补酬合同，其核心在于将工程合同的总价款细分为两部分：工程直接成本和承包单位在完成工作后应得的酬金。在合同的执行过程中，任何产生的直接成本均由建设单位按照实际发生情况进行报销，而承包单位则根据合同约定的方式获得相应的报酬。

此类合同形式尤其适用于那些需要边设计边施工的紧急工程，或是灾后修复工程。由于这些情况下，在合同签订阶段，建设单位往往难以向承包单位提供足够详细的报价依据，因此合同中的酬金计取方式成为关键。根据酬金计取方式的不同，成本加酬金合同可细分为四种形式：成本加固定百分比酬金、成本加固定酬金、成本加浮动酬金及目标成本加奖罚合同。这些不同的形式为合同双方提供了更加灵活和适应性的选择。

4. 合同计价方式比较与选择

1）合同计价方式比较

不同合同计价方式比较见表2.1。

表2.1　不同合同计价方式比较

合同类型	总价合同	单价合同	成本加酬金合同			
			固定百分比酬金	固定酬金	浮动酬金	目标成本加奖罚
应用范围	广泛	广泛	有局限性			酌情
建设单位造价控制	易	较易	最难	难	不易	有可能
施工单位风险	大	小	基本没有		不大	有

2）合同计价方式选择

工程合同的计价方式各异，因而合同双方所承担的义务、责任和风险也会有所不同。建设单位在挑选合同计价方式时，会综合考虑以下几个关键要素。

首先，是工程的复杂程度。对于建设规模大、技术复杂的工程，由于承包风险较高且各项费用难以精确估算，因此不宜采用固定总价合同。更为合理的做法是对有把握的部分采用固定总价合同，而对估算不准的部分则选择单价合同或成本加酬金合同。此外，有时在同一工程合同中，结合不同计价方式，能有效实现建设单位和承包单位对工程风险的合理分担。但需注意，合同中必须明确界定不同计价方式所适用的工程范围。

其次，工程设计深度也是选择合同计价方式的重要因素。对于已完成施工图设计的工程，由于施工图纸和工程量清单详尽明确，总价合同成为首选。然而，对于实际工程量与预计工程量可能存在较大出入的工程，单价合同则更为适宜。而对于仅完成初步设计、工程量清单不够明确的工程，单价合同或成本加酬金合同则更为合适。

再者，技术先进程度亦需考虑。当工程中采用新技术、新工艺且缺乏相关经验或国家标准时，固定总价合同并非理想选择，而应倾向于成本加酬金合同。

最后，工期紧迫程度亦不容忽视。对于紧急工程，如灾后恢复工程等，由于时间紧迫且可能缺乏详细的施工图纸，承包单位在投标时难以报出合理价格，此时成本加酬金合同更为合适。

2.3.5　施工合同变更

在合同履行过程中，经发包人同意，监理人可按照合同约定的变更程序向承包人作出变更指示，承包人应遵照执行。没有监理人的变更指示，承包人不得擅自变更。合同变更的程序如下：

在合同履行的过程中，若出现上述约定的情形，监理人有权向承包人发出变更意向书。该意向书需明确阐述变更的具体内容，以及发包人对变更的时间要求，并附上必要的图纸和相关资料。此外，变更意向书还需要求承包人提交一份详细的实施方案，包括但不限于拟实施变更工作的计划、措施及预期的竣工时间等。一旦发包人同意承包人根据变更意向书提交的变更实施方案，监理人将发出正式的变更指示。

变更指示应详细地说明变更的目的、范围、内容，以及变更所涉及的工程量、进度和技术要求，同时附上所有相关的图纸和文件。承包人在收到变更指示后，应严格按照其中的要求进行变更工作。

若承包人在收到监理人按照合同约定发出的图纸和文件后，经仔细审查认为存在合同约定的变更情形，其有权向监理人提出书面的变更建议。此建议需明确阐述要求变更的依据，并附上必要的图纸和详细说明。监理人在收到承包人的书面建议后，应与发包人共同研究，并在确认存在变更后的 14 天内作出相应的变更指示。若经研究后认为不应作出变更处理，监理人应以书面形式答复承包人。

若承包人在收到监理人的变更意向书后，认为难以实施此项变更，应立即通知监理人，并详细阐述原因及依据。随后，监理人将与承包人和发包人进行协商，以确定是否撤销、改变或维持原变更意向书。

2.3.6　索赔

1. 索赔的分类

工程索赔是指在工程合同履行过程中，当事人一方因非己方的原因而遭受经济损失或工期延误，按照合同约定或法律规定，应由对方承担责任，而向对方提出工期和(或)费用补偿要求的行为。

(1) 工期索赔，一般是指工程合同履行过程中，由于非因自身原因造成工期延误，按照合同约定或法律规定，承包人向发包人提出合同工期补偿要求的行为。工期顺延的要求获得批准后，不仅可以免除承包人承担拖期违约赔偿金的责任，而且承包人有可能因工期提前获得赶工补偿(或奖励)。

(2) 费用索赔，是指在工程承包合同履行中，当事人一方因非己方原因而遭受费用损失，按照合同约定或法律规定应由对方承担责任，而向对方提出增加费用要求的行为。

2. 索赔的因素

(1) 工程延误索赔，因发包人未按合同要求提供施工条件，或因发包人指令工程暂停或不可抗力事件等原因造成工期拖延的，承包人可以向发包人提出索赔；如果由于承包人原因导致工期拖延，发包人可以向承包人提出索赔。

(2) 加速施工索赔，由于发包人指令承包人加快施工速度，缩短工期，引起承包人的人力、物力、财力的额外开支，承包人提出的索赔。

(3) 工程变更索赔，由于发包人指令增加或减少工程量或增加附加工程、修改设计、变更工程顺序等，造成工期延长和(或)费用增加，承包人就此提出索赔。

(4) 合同终止的索赔，由于发包人违约或发生不可抗力事件等原因造成合同非正常终止，承包人因其遭受经济损失而提出索赔。如果由于承包人的原因导致合同非正常终止，或者合同无法继续履行,发包人可以就此提出索赔。

(5) 不可预见的不利条件索赔,承包人在工程施工期间,施工现场遇到一个有经验的承包人通常不能合理预见的不利施工条件或外界障碍,例如,地质条件与发包人提供的资料不符,出现不可预见的地下水、地质断层、溶洞、地下障碍物等,承包人可以就因此遭受的损失提出索赔。

(6) 不可抗力事件的索赔,工程施工期间,因不可抗力事件的发生而遭受损失的一方,可以根据合同中对不可抗力风险分担的约定,向对方当事人提出索赔。

(7) 其他索赔,如因货币贬值、汇率变化、物价上涨、政策法令变化等原因引起的索赔。

《标准施工招标文件》(2007 年版)的通用合同条款中,按照引起索赔事件的原因不同,对一方当事人提出的索赔可能给予合理补偿工期、费用和(或)利润的情况,分别作出了相应的规定。其中,引起承包人索赔的事件及可能得到的合理补偿内容如表 2.2 所示。

表 2.2 《标准施工招标文件》中承包人的索赔事件及可补偿内容

序号	条款号	索赔事件	可补偿内容		
			工期	费用	利润
1	1.6.1	迟延提供图纸	√	√	√
2	1.10.1	施工中发现文物、古迹	√	√	
3	2.3	迟延提供施工场地	√	√	√
4	4.11	施工中遇到不利物质条件	√	√	
5	5.2.4	提前向承包人提供材料、工程设备		√	
6	5.2.6	发包人提供材料、工程设备不合格或迟延提供或变更交货地点	√	√	√
7	8.3	承包人依据发包人提供的错误资料导致测量放线错误	√	√	√
8	9.2.6	因发包人原因造成承包人人员工伤事故		√	
9	11.3	因发包人原因造成工期延误	√	√	√
10	11.4	异常恶劣的气候条件导致工期延误	√		
11	11.6	承包人提前竣工		√	
12	12.2	发包人因暂停施工造成工期延误	√	√	√
13	12.4.2	工程暂停后因发包人原因无法按时复工	√	√	√
14	13.1.3	因发包人原因导致承包人工程返工	√	√	√
15	13.5.3	监理人对已经覆盖的隐蔽工程按要求重新检查且检查结果合格	√	√	√

续　表

序号	条款号	索赔事件	可补偿内容		
			工期	费用	利润
16	13.6.2	因发包人提供的材料、工程设备造成工程不合格	√	√	√
17	14.1.3	承包人应监理人要求对材料、工程设备和工程重新检验且检验结果合格	√	√	√
18	16.2	基准日后法律的变化		√	
19	18.4.2	发包人在工程竣工前提前占用工程	√	√	√
20	18.6.2	因发包人的原因导致工程试运行失败		√	√
21	19.2.3	工程移交后因发包人原因出现新的缺陷或损坏的修复		√	√
22	19.4	工程移交后因发包人原因出现的缺陷经修复后的试验和试运行		√	
23	21.3.1(4)	因不可抗力停工期间应监理人要求照管、清理、修复工程		√	
24	21.3.1(4)	因不可抗力造成工期延误	√		
25	22.2.2	因发包人违约导致承包人暂停施工	√	√	√

3. 不可抗力的范围

不可抗力是指合同履行过程中，出现的无法预见、无法避免及无法克服的客观状况。其范畴广泛，涵盖了战争、敌对行动（无论是否宣战）、入侵、外敌行为、军事政变、恐怖主义活动、骚动、暴动、空中飞行物坠落等，以及由非合同双方当事人的责任或原因所引发的罢工、停工、爆炸、火灾等情况。此外，还包括当地气象、地震、卫生等部门所规定的特定情形。因此，发承包双方在施工合同中，应明确界定不可抗力的具体范围及其判断标准，以确保在遭遇此类情况时，双方能够有明确的处理依据。

2.3.7　索赔的依据和前提条件

1. 索赔的依据

（1）工程施工合同文件。工程施工合同是工程索赔中最关键和最主要的依据，工程施工期间，发承包双方关于工程的洽商、变更等书面协议或文件，也是索赔的重要依据。

（2）国家颁布实施的相关法律、行政法规。国家颁布实施的相关法律、行政法规，是工程索赔的法律依据。部门规章及工程项目所在地的地方性法规或地方政府规章，如果在施工合同专用条款中约定为工程合同的适用法律的，也可以作为工程索赔的依据。

（3）工程建设强制性标准。对于不属于强制性标准的其他标准、规范和计价依据，除施工合同中有明确约定外，不能作为工程索赔的依据。

（4）工程施工合同履行过程中与索赔事件有关的各种凭证。这是承包人因索赔事件承担费用或工期损失的事实依据，它反映了工程的计划情况和实际情况的差异。

2. 索赔成立的条件

(1) 索赔事件已造成了承包人的直接经济损失或工期延误。

(2) 造成费用增加或工期延误的索赔事件是因非承包人的原因发生的。

(3) 承包人已经按照工程施工合同规定的期限和程序提交了索赔意向通知、索赔报告及相关证明材料。

2.3.8 费用索赔的计算

1. 索赔费用的组成

对于不同原因引起的索赔，承包人可索赔的具体费用内容是不完全一样的。但归纳起来，索赔费用的要素与工程造价的构成基本类似。索赔费用的组成主要包括：

(1) 人工费：包括额外工作、法定人工费增长等费用。

(2) 材料费：包括材料实际用量超过计划用量、材料价格上涨和超期储存费用。

(3) 施工机具使用费：包括额外工作、工效降低等导致的机械使用费。

(4) 现场及总部管理费：因发包人原因导致工程延期期间的管理费用。

(5) 其他费用：如保险费、保函手续费、利息、利润及分包费用等。

2. 索赔费用的计算方法有

(1) 实际费用法：根据索赔事件造成的损失或成本增加逐项分析计算。

(2) 总费用法：计算实际总费用与投标报价估算总费用的差额。

(3) 修正的总费用法：对总费用法进行修正，考虑受到索赔事件影响的时间和工作，更准确地计算索赔金额。

2.3.9 工期索赔的计算

1. 工期索赔的概念

工期索赔，通常指的是承包人基于合同条款，对非因自身原因导致的工期延误，向发包人提出的工期顺延请求。在工期索赔过程中，需特别注意以下几点。

(1) 需明确施工进度拖延的责任归属。因承包人自身原因导致的工期滞后，通常视为不可原谅的延期；仅当延期非承包人责任所致时，方为可原谅的延期。如遇双方共同责任造成的延期，监理人应详细分析，明确责任比例，仅批准可原谅延期部分的合同工期顺延。可原谅延期可进一步细分为可补偿费用延期与不可补偿费用延期，后者多指非承包人责任事件未导致施工成本额外支出，如由异常恶劣气候条件导致的停工等。

(2) 被延误的工作应位于施工进度计划的关键线路上。仅关键线路上的工作内容滞后才会影响竣工日期。同时，需分析非关键线路工作的延误是否超出其自由时间，若超出，则可能导致非关键线路转化为关键线路，进而影响总工期。此时，应给予相应工期顺延，并要求承包人调整施工进度计划。

(3) 承包人向发包人提出工期索赔的依据主要包括：合同约定的施工总进度规划、双方认可的详细进度计划、工期修改文件、施工日志、气象资料、业主或工程师的变更指令、影响工期的干扰事件及受干扰后的实际工程进度等。

2. 工期索赔的计算方法

(1) 直接法：若干扰事件直接发生在关键线路上并导致总工期延误，可直接将实际干扰时间作为工期索赔值。

(2) 比例计算法：适用于干扰事件仅影响部分工程工期的情况。具体计算方式有两种：一是根据受干扰部分工程的延期时间与该部分工程合同价格占原合同总价的比例计算；二是根据额外增加工程量的价格与原合同总价的比例计算。但此方法可能不适用于施工顺序变更、加速施工或删减工程量等情形的索赔。

(3) 网络图分析法：通过分析进度计划的网络图及关键线路，计算干扰事件前后网络计划计算工期之差以确定工期索赔值。此方法适用于各种干扰事件及多种干扰事件共同作用引起的工期索赔。

【科普知识】

中国第一个招标的工程

有这样一个工程，在 20 世纪八九十年代曾创造出多项中国“第一”。它就是位于云南省罗平县与贵州省兴义市交界的黄泥河上的鲁布革水电站，是中国第一座引进世界银行贷款建设的水电站，也是中国第一个面向国际公开招投标的工程。在建设过程中，鲁布革电站工地先后引来了 7 个国家近百名咨询专家、承包商、制造商，由此在鲁布革形成了多国之间的激烈竞争、摩擦碰撞，形成了闻名的“鲁布革冲击”。鲁布革水电站创建了中国项目法施工的雏形，对中国施工管理体制改革具有里程碑意义。

1. 工程建设背景

时光回到 1977 年，中国准备在鲁布革建水电站。那时候中国还是计划经济，建水电站归水电部主管。本工程由中国水利水电第十四工程局承建，不用招投标，因为每年水电部都要下计划，活多得干不完。这种格局的打破，起源于鲁布革。1981 年，国家决定将鲁布革电站作为水电改革开放试点，决定为鲁布革项目申请世界银行贷款。1984 年，鲁布革项目获得世界银行贷款 1.454 亿美元。世界银行要求，鲁布革设立项目管理机构，并将部分工程进行国际竞争性招标。急于进入中国建筑市场的外国人蜂拥而至，中国水利水电第十四工程局等中国水电施工企业第一次以承包商的身份与 8 家国际承包商一起参加投标竞争。日本大成公司中标引水系统工程。日本大成公司报价最低，比标底价低 43%。

2. 建设过程

日本大成公司中标后，仅用 4 个月时间就正式开工。他们派出了一支由 24 名管理人员组织的队伍，从水电十四局按合同制聘用了 424 名工人，形成了“管理在日本、施工在中国”的格局。此前，中国的建筑工人都是按天拿工资，干多干少，一天都是那么多钱，日本大成公司让他们计件，按工作量拿工资，人人干劲十足，多干多挣钱。他们开挖两个月，单月平均进尺 222.5 m，超过整个鲁布革电站隧洞开挖最高水平。1986 年 10 月 30 日，引水隧洞全线贯通，比合同计划提前 5 个月。然而，水电十四局承建的首部枢纽工程，由于种种原因，工期整整落后一年，下游厂房工期落后近百天，厂房告急。

强烈的反差引起了深刻反思，同处一条河，同干一个电站，同样是十四局人，两者差距为何那么大?

3. 鲁布革冲击

鲁布革人在冲击、碰撞、痛定思痛之后提出了问题,做了局部尝试,在全国引起了巨大的冲击,中国企业与外国企业的差距,原因不在于工人,而在于管理,中国工人可以作出高效率。

1987 年 5 月 30 日,国务院全国施工工作会议提出:在工程建设领域全面推广鲁布革经验,深化施工管理体制改革。

1987 年 8 月 6 日,《人民日报》头版头条发表长篇通讯——《鲁布革冲击》。

鲁布革电站,在新旧两种观念的冲突中开始建设,在两种管理体制的碰撞中稳步推进,成为我国水电建设改革开放的“第一个窗口”。它是一面镜子,照射出计划经济条件下基建行业的种种弊病;它是一个课堂,为广大工程技术和管理人员演示了现代化工程项目施工管理的第一课;它更是一块石头,在中国工程界引起了强烈反响,激起千层巨浪。

“鲁布革冲击”,冲击了旧的管理体制和自营管理机制,增强了改革意识;冲击了封闭状态中狭隘自满的思想观念,唤起了竞争意识;冲击了因循守旧、循规蹈矩的习惯,树立了创新意识。

“鲁布革冲击”的总结:第一,最核心的是把竞争机制引入工程建设领域,实行铁面无私的招标投标;第二,工程建设实行全过程总承包方式和项目管理;第三,施工现场的管理机构和作业队伍精干灵活,真正能战斗;第四,科学组织施工,讲求综合经济效益。

鲁布革经验对中国的工程施工管理能力的提升有着很大的推动作用。

【思考与练习】

模块 3

建设工程项目组织与管理

案例引入

为了确保某专用宿舍楼工程项目能够顺利达成既定目标，总承包单位在施工现场精心组建了一个专业的施工项目部。在这个项目部中，领导层的核心成员包括经验丰富的项目经理（注册一级建造师）、技术精湛的总工程师（高级工程师）、负责生产管理的生产经理及擅长商务谈判和合同管理的商务经理（注册一级造价师）。此外，还有专门负责监督工程质量的质量总监和确保施工安全的安全总监，他们共同构成了项目部的领导核心。

项目部下设多个主要部门，每个部门都有其明确的职责和分工。技术部负责提供技术支持和解决方案，工程部则负责具体的施工管理和进度控制，商务部专注于合同执行和成本控制，物资部负责材料的采购和供应管理，质量部确保工程质量符合标准，安全部则负责制定和执行安全规范，保障施工现场的安全。

在项目部的各个部门中，设有多个关键岗位，每个岗位都有其特定的职责。技术员负责技术问题的解决和施工图纸的审核，资料员管理项目相关的文档资料，试验员进行材料和构件的试验工作，测量员负责现场的测量和放线工作，施工员直接参与现场的施工活动，预算员负责成本预算和控制，材料员管理材料的采购和存储，质检员对工程质量进行检查和验收，安全员则负责监督施工现场的安全操作和预防措施的实施。

通过这样的组织结构和岗位设置，项目部能够确保每个环节都有专业人员负责，从而有效地推进工程项目的顺利进行，确保工程质量和施工安全，最终实现项目的成功交付。

项目部成立后，由项目经理主持施工组织设计的编制工作。项目经理作为项目部的核心领导者，他深知施工组织设计对于项目成功的重要性。因此，他采取了以下步骤来确保施工组织设计的编制工作顺利进行：

明确目标，制订计划：项目经理首先与项目团队进行深入的讨论，明确项目的总体目标、关键里程碑和主要任务。随后，他制定了详细的编制计划，包括时间节点、责任分配和阶段性目标，以确保编制工作有条不紊地进行。

组织团队，分工合作：项目经理根据项目特点和团队成员的专业能力，对编制工作进行了合理的分工。他鼓励团队成员之间的沟通与协作，确保每个环节都能得到充分的关注和专业的处理。

收集资料，分析现状：项目经理组织团队成员收集与项目相关的所有资料，包括设计图纸、技术规范、施工合同等。同时,还组织对施工现场的实地考察,以便更准确地了解项目的实际情况和潜在风险。

编制方案,优化调整:在充分掌握项目资料和现场情况的基础上,项目经理带领团队成员开始编制施工组织设计。他注重方案的合理性和可行性,鼓励团队成员提出创新性的想法和建议。同时,他还组织了对初步方案的多次评审和优化调整,以确保最终方案的科学性和有效性。

审核确认,交付执行:在编制工作完成后,项目经理组织专家团队对施工组织设计进行了严格的审核和确认。他确保所有内容都符合相关标准和规范的要求,并且能够有效地指导项目的施工工作。最后,他将审核通过的施工组织设计交付给项目团队和相关方,以便执行和监督。

通过以上步骤,项目经理成功地主持了施工组织设计的编制工作。这份施工组织设计不仅为项目的顺利推进提供了有力的保障,而且为后续类似项目的施工组织设计提供了宝贵的经验。

根据以上案例总结项目组织的定义和施工组织设计的编制步骤。

课程目标

(1) 了解项目管理组织的概念。
(2) 掌握项目管理组织的模式。
(3) 掌握施工组织设计的内容和编制方法。

3.1 项目管理组织的概念

建设工程项目管理组织是指为了高效、有序地完成建设项目,根据项目特性和企业资源情况,构建的一个包含项目团队成员、职责分配、工作流程、沟通渠道在内的系统。这个组织体系不仅负责项目的日常运营和决策,还涉及资源调度、风险管理、质量控制等多个层面,旨在确保项目按既定目标、时间、成本和质量要求顺利完成。组织结构的设计需考虑项目规模、复杂度、工期等因素,以达到最佳的管理效果。业主及工程建设各方参与主体均会根据工程项目特点和项目管理需求建立各自的工程项目管理组织。对承包单位而言,工程项目管理组织通常称为工程项目部或项目经理部。

项目管理组织这个概念具有双重内涵,它既涉及项目管理的组织结构,也涉及项目管理的组织行为。首先,从组织结构的角度来看,项目管理组织指的是在项目执行过程中,为实现项目目标而设立的具有明确职责和关系的组织体系。这个体系中,包含了项目的各个阶段、任务分配、职责划分以及协调机制等,确保项目能够按照既定的计划和目标顺利进行。这种组织结构通常需要根据项目的特点和需求进行灵活调整,以达到最佳的项目管理效果。其次,从组织行为的角度来看,项目管理组织指的是在项目实施过程中,项目团队成员之间及与项目相关方之间的互动和协作方式。这包括沟通机制、决策流程、冲突解决以及激励机制等,旨在促进团队成员的协作效率,提高项目的执行质量和效果。这种组织行为需要充分考虑人的因素,关注团队成员的能力、性格和动机等方面，以激发他们的积极性和创造力。

3.2　项目管理组织结构的模式

在项目管理领域，常常会听到三种普遍采用的组织模式，它们分别是职能式组织、直线式组织和矩阵式组织。这些模式各自具有独特的特点和运作机制，被不同的组织和企业在项目管理实践中广泛应用，以期提高项目管理的效率和效果。

3.2.1　职能式组织结构

在人类历史的长河中，随着手工业作坊的逐步扩大，企业内部对人、财、物及产、供、销的管理需求日益凸显，进而催生了职能组织结构的雏形。这一结构模式，作为一种传统的组织架构，其核心在于设立专门的职能部门来管理上述各项资源。在职能组织结构中，每个职能部门均有权在其管理范畴内，向其直接或非直接的下属部门发出工作指令。因此，一个工作部门可能会接收到来自多个上级部门的工作指令，这些指令之间可能存在冲突或矛盾。这种多源指令的现象无疑给企业管理机制带来了挑战。

目前，我国多数企业、学校、事业单位及许多建设项目依然沿用这种传统的组织结构模式。然而，在实际工作中，由于交叉和矛盾的工作指令关系，这种模式往往会影响项目管理机制的有效运行和项目目标的顺利实现。

如图 3.1 所示，A、B1、B2、B3、C5 和 C6 都是工作部门，A 可以对 B1、B2、B3 下达指令；B1、B2、B3 都可以在其管理的职能范围内对 C5 和 C6 下达指令；因此，C5 和 C6 有多个指令源，其中有些指令可能是矛盾的。

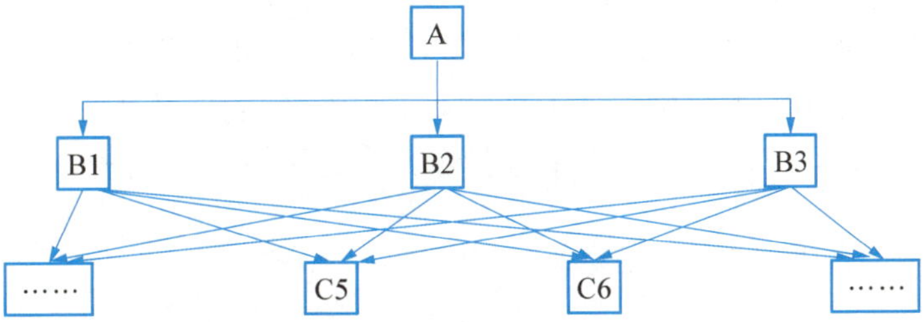

图 3.1　职能组织结构

在施工项目中，职能式组织结构通过在各个管理层级设立专门的职能部门，实现了从各自业务职能的角度对下级执行者进行精准的业务管理。在这种结构中，各级领导并非直接指挥下级，而是指导并授权职能部门进行工作。各职能部门在其上级领导的授权范围内，可以针对其业务领域向下级执行者发出明确的命令和指示。职能式组织结构的示意图如图 3.2 所示。

这种组织结构的显著优点在于其管理业务的专业化和专家化，充分发挥了各类专家在项目管理中的关键作用。由于管理人员在其业务领域内的高度专业化，不仅有助于提升工作质量，还能有效减轻领导者的负担。然而，值得注意的是，职能式组织结构也存在着多头领导的问题，可能导致下级执行者接收到来自多个部门的指令，进而引发职责不清的情况。

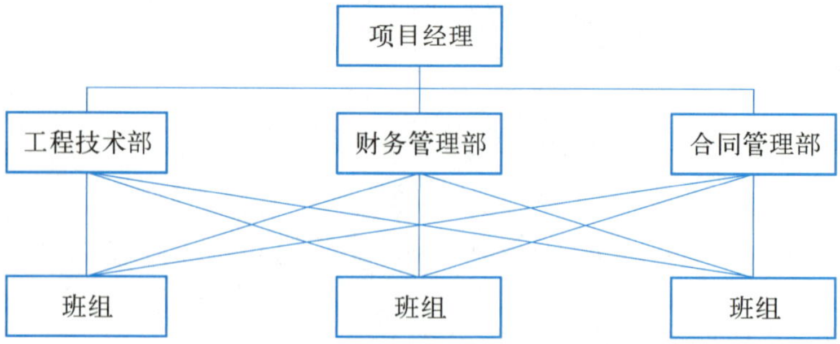

图 3.2　施工项目职能式组织结构

3.2.2　直线式组织结构

在军事组织系统中，组织纪律的严谨性尤为突出。军、师、旅、团、营、连、排和班等各级组织关系均遵循严格的指令下达原则，即一级指挥一级，一级对一级负责。这种高度严谨的组织结构为线性组织结构的形成提供了灵感。在线性组织结构中，每个工作部门仅对其直属下级发布工作指令，同时每个部门也仅有一个直接上级，确保指令的唯一性，有效避免了因多重或冲突指令而对组织系统运行产生的负面影响。

在国际上，线性组织结构模式已成为建设项目管理组织系统的常用选择。考虑建设项目往往涉及众多参与单位，数量从数十到数百，甚至对于大型项目，参与单位可能数以千计。在项目实施过程中，矛盾或重复的指令无疑会对项目目标的实现造成巨大影响。线性组织结构模式通过确保工作指令的唯一性，有效解决了这一问题。然而，在特别庞大的组织系统中，线性组织结构模式可能因指令路径过长而导致组织系统运行困难。

在图 3.3 所展示的线性组织结构中：

（1）A 部门有权对其直属下级部门 B1、B2、B3 下达指令。

（2）B2 部门同样有权对其直属下级部门 C21、C22、C23 下达指令。

（3）尽管 B1 和 B3 在组织层次上高于 C21、C22、C23，但它们并非 C21、C22、C23 的直接上级部门，因此它们无权对 C21、C22、C23 下达指令。在这种组织结构中，每个工作部门的指令源均保持唯一。

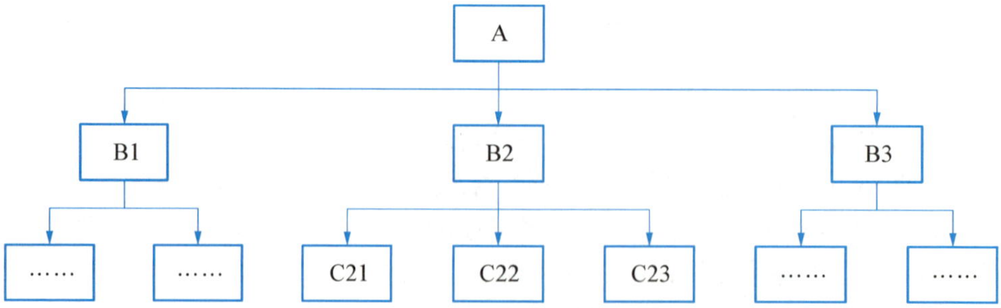

图 3.3　线性组织结构

在施工项目中，直线式组织结构，作为最基础的组织架构模式，呈现一种直线垂直的职位排列形式。在这种结构中，项目经理实施直接的单线垂直领导，确保指挥的连贯性和高效性。

如图 3.4 所示，直线式组织结构的图示直观展现了其简洁的层级关系。

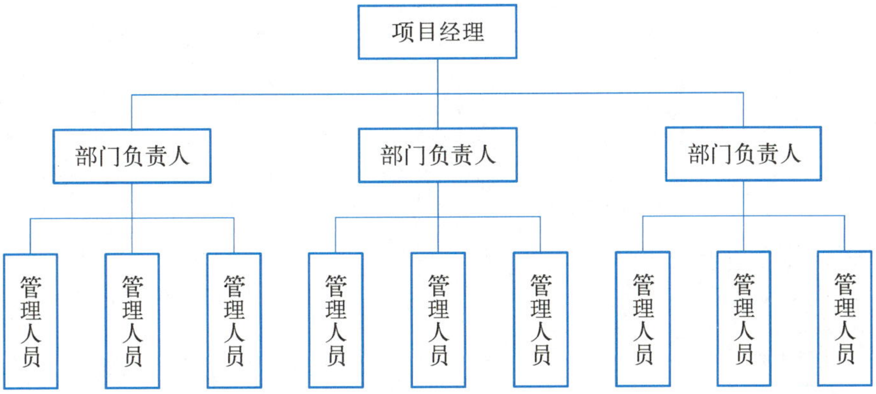

图 3.4　施工项目直线式组织结构

该结构的主要优势在于其结构简明、权力集中、指挥统一、隶属关系明确、职责清晰及决策迅速。然而，由于未设立专门的职能部门，项目经理往往需要独立承担多项职责，成为“全能型”人才，这无疑增加了其工作负担。同时，这种结构也限制了管理工作的专业化，对于提升项目管理水平而言，存在一定的挑战。

3.2.3　矩阵式组织结构

矩阵组织结构是一种创新的组织结构模式，其独特之处在于最高指挥部门下同时设立纵向和横向两种不同职能的工作部门。纵向部门主要负责诸如人力资源、财务、物资、生产、供应和销售等职能管理，而横向部门则侧重于具体的生产环节，如生产车间等。

若一个施工企业选择矩阵组织结构模式，其纵向工作部门可涵盖计划管理、技术管理、合同管理、财务管理和人事管理等关键领域。而横向工作部门则通常表现为各个项目部，它们直接负责项目的具体执行。

对于大型建设项目而言，矩阵组织结构的优势尤为明显。在此模式下，纵向部门可能包括投资控制、进度控制、质量控制、合同管理、信息管理、人事管理、财务管理和物资管理等核心职能部门，而横向部门则聚焦于各个子项目的项目管理部，确保项目的顺利推进，如图 3.5 所示。

矩阵组织结构因其灵活性和高效性，尤其适用于大型组织系统。例如，在上海地铁和广州地铁一号线的建设中，均成功采用了这一模式，确保了项目的顺利进行。

3.2.4　施工项目直线职能式组织结构

直线职能式组织结构，是结合直线式与职能式组织结构的优势而形成的一种独特形式。与职能式组织结构类似，它在各管理层级设立了职能部门，但这些部门主要扮演相应层级领导的参谋角色，在其管辖的业务范围内实施管理，而非直接指挥下级。它们与下一层级的职能部门建立的是业务指导关系，而非直接的指挥关系。职能部门的任何指令，都必须经过同层级领导的批准后方可下达。在各管理层级之间，则遵循直线式组织结构的原理，构建了明确的直接上下级关系。

如图 3.6 所示，直线职能式组织结构不仅继承了直线式组织结构中统一指挥的特点，还满

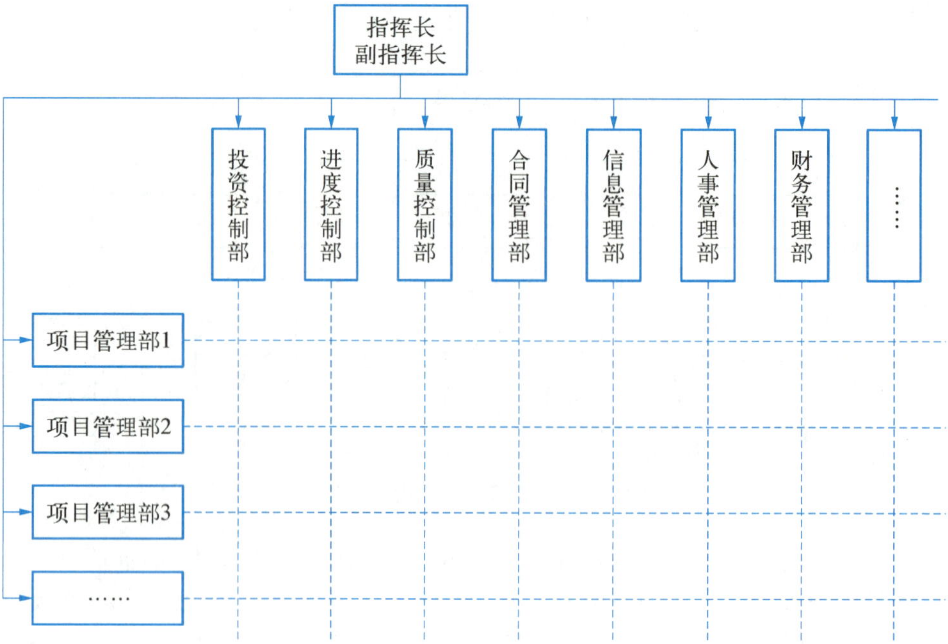

图 3.5 矩阵组织结构模式

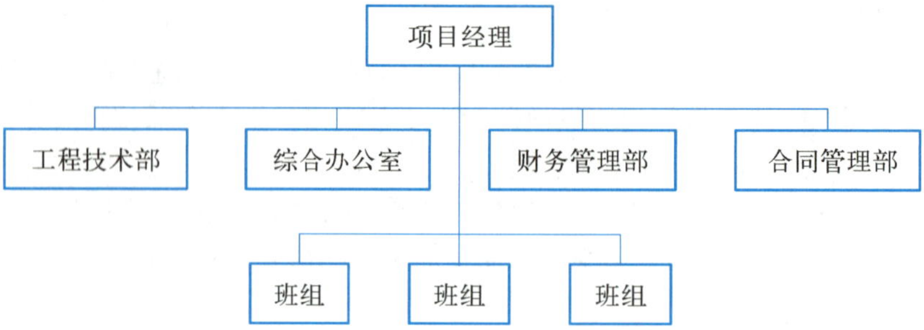

图 3.6 施工项目直线职能式组织结构

足了职能式组织结构对管理工作专业化分工的需求。其显著优势在于集中领导、职责清晰,有助于提升管理效率。然而,这种组织结构也存在一定的挑战,如各职能部门之间的横向联系相对薄弱,信息传递路径较长,以及职能部门与指挥者之间可能产生的矛盾。

3.3 项目经理

项目经理,是指由企业法定代表人授权,负责对工程项目实施全面管理的关键人物,他们承担着项目从启动到完成的全过程管理职责。作为项目成功的核心推动者,项目经理必须具备与其职责相匹配的任职资格,包括深厚的专业知识、丰富的管理经验及良好的沟通协调能力。他们在项目管理中起着至关重要的作用,不仅要确保项目按照预定的时间、质量和成本完成,还要协调各方资源,解决项目中出现的各种问题,使项目团队保持高效运转。因此,项目经理必须具备卓越的管理能力，能够在复杂多变的工程环境中，做出明智的决策，引导项目走向成功。

3.3.1　施工项目经理任职条件

根据中国建筑业协会颁布的团体标准《建设工程施工项目经理岗位职业标准》T/CCIAT 0010—2019，合格的施工项目经理须满足以下条件：

首先，应具备与工程建设类相应的执业资格，并成功取得安全生产考核合格证书，确保工程安全与质量，如图 3.7 所示。

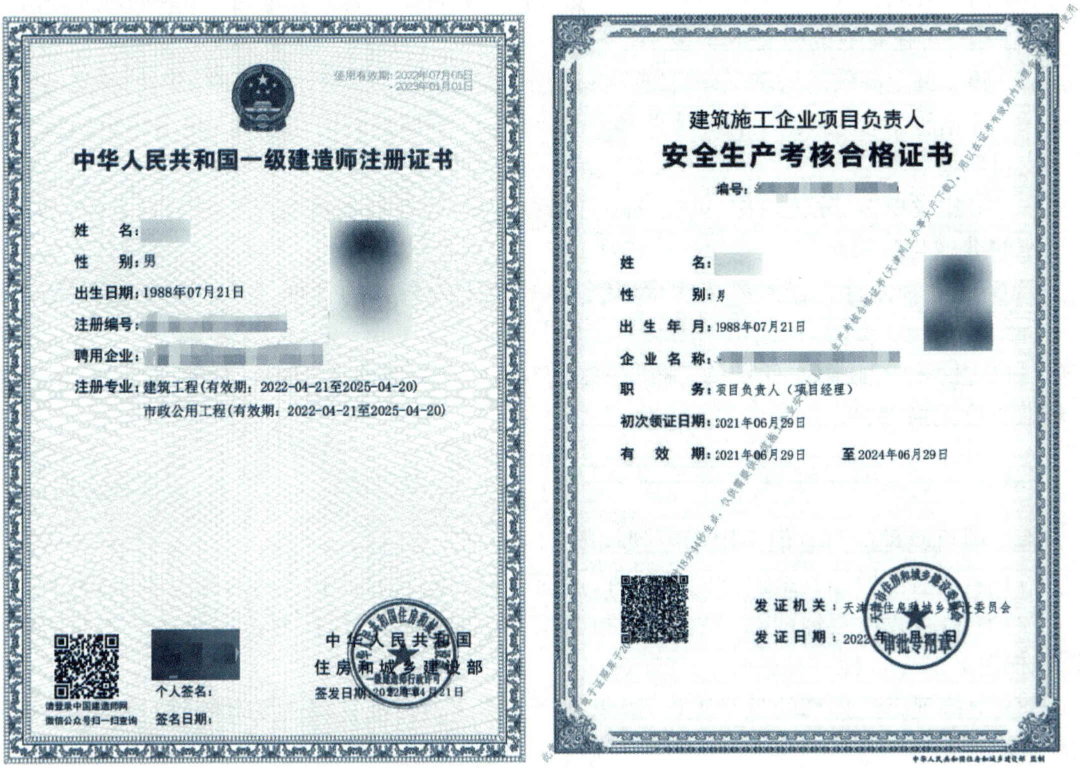

图 3.7　职业资格证书与安全考核合格证书

其次，项目经理须拥有良好的身体素质，坚守职业道德，秉持诚实守信的原则，且个人履历中不得有不良行为记录。

在专业知识与能力方面，施工项目经理须具备以下素质。

（1）全面的工程项目管理知识，包括工程技术、管理、经济、法律法规及信息化等多个领域。

（2）出色的施工项目策划与分析能力，能够针对具体问题提出有效的解决方案。

（3）卓越的施工项目目标管理与过程控制能力，确保项目按计划进行，达到预期目标。

（4）优秀的组织、指挥、协调与沟通能力，能够高效协调各方资源，确保项目顺利进行。

3.3.2　施工项目经理职责

施工项目经理应履行包括但不限于下列职责。

(1) 依据企业既定规程,设立项目经理部,并精心制定项目管理岗位职责,确保项目团队成员职责明确。

(2) 全面贯彻执行企业的各项规章制度,组织制定并执行严格的施工现场项目管理制度。

(3) 组织项目团队深入解读施工合同,并进行项目管理目标责任的细致分解。

(4) 在授权范围内,精心编制并落实施工组织设计、项目管理实施规划、施工进度计划、绿色施工及环保措施、质量安全技术措施、施工方案及专项施工方案。

(5) 在授权范围内,对项目管理指标进行科学分解,优化项目资源配置,严格监控施工现场人力资源,并对工程材料、构配件、施工机械设备等资源的质量与安全使用进行全程把关。

(6) 组织项目团队进行细致的经济活动分析,精确分解施工成本目标,编制施工成本计划,并制定与实施有效的施工成本控制措施。

(7) 建立健全高效的协调工作机制,主持工地例会,及时协调解决工程施工中的各类问题。

(8) 依据施工合同,配合企业或直接受企业委托,审慎选择分包单位,并组织审核分包工程款支付申请。

(9) 与建设单位、分包单位、供应商进行结算工作,并在授权范围内签署结算文件,确保结算工作的准确与及时。

(10) 建立和完善工程档案文件管理制度,规范工程资料的管理与存档程序,及时组织汇总工程结算和竣工资料,积极参与工程竣工验收。

(11) 组织进行缺陷责任期的工程保修工作,并对项目管理工作进行全面总结,提炼经验,为未来项目提供借鉴。

3.3.3 施工项目经理权限

施工项目经理应具有但不限于下列权限:

(1) 参与项目投标及施工合同的签订,确保项目的顺利启动和合同的合规性。

(2) 负责组建项目经理部,提名项目副经理、项目技术负责人,并选用合适的项目团队成员,确保团队的专业性和高效性。

(3) 主持项目经理部的日常工作,组织制定并实施项目部管理制度,保证项目管理的规范化和有序性。

(4) 在企业授权范围内,自主决定资源的投入和使用,确保项目资源的合理配置和高效利用。

(5) 参与分包合同和供货合同的签订,确保项目所需材料和服务的及时供应和优质保障。

(6) 在授权范围内,直接与项目相关方进行沟通协调,保障项目的顺利进行和各方利益的最大化。

(7) 根据企业的考核评价办法,组织对项目团队成员的绩效考核评价,并依据企业薪酬制度拟定绩效工资分配方案。同时,对于不称职的管理人员,有权提出解聘建议。

3.4 施工组织设计

《建筑施工组织设计规范》GB/T 50502－2009 中详细界定了施工组织设计的定义,它是一份专为特定施工项目编制的技术、经济和管理综合性文件。作为实现施工活动科学管理的重要工具，施工组织设计不仅承载着战略部署的功能，也具有战术安排的效用。该文件精准地反映了基本建设计划和设计要求，为各阶段施工准备提供了指导，并有效协调了施工过程中各施工单位、工种及资源间的相互关系。

通过施工组织设计，可以根据具体工程的特定条件，精心制定施工方案，明确施工顺序和方法，采取适当的技术组织措施，以确保工程按照预定工期顺利完工。此外，它还能在开工前准确预估所需资源的数量及其使用顺序，从而合理规划施工现场布局。因此，施工组织设计必须从施工全局出发，紧密结合客观实际，符合国家法律法规或合同要求，全面考虑施工活动的各个方面，科学合理地布置施工现场，以确保施工过程的安全与文明。

3.4.1　施工组织设计的基本内容

施工组织设计应涵盖编制依据、工程概况、施工部署、施工进度计划、施工准备与资源配置计划、主要施工方法、施工现场平面布置及主要施工管理计划等核心内容。

1. 工程概况

(1) 项目性质、规模、建设地点、结构特点、建设期限、分批交付使用的条件及合同要求。

(2) 本地区的地形、地质、水文及气象特征。

(3) 施工力量、劳动力、机具、材料、构件等资源的供应状况。

(4) 施工环境及条件等详细信息。

2. 施工部署及施工方案

(1) 根据工程特性，结合人力、材料、机械设备、资金及施工方法，全面规划施工任务，合理安排施工顺序，并明确主要工程的施工策略。

(2) 对拟建工程可能采用的施工方案进行定性与定量分析，通过技术经济评价选出最优方案。

3. 施工进度计划

(1) 施工进度计划是最佳施工方案在时间上的合理安排，旨在通过计算和调整，使工期成本、资源等得到优化配置，以满足项目目标要求。

(2) 确保工序有序进行，通过优化调整使工期、成本、资源等达到既定目标，并据此编制人力、时间安排计划、资源需求计划及施工准备计划。

4. 施工平面图

施工平面图是施工方案及施工进度计划在空间上的全面规划，它合理布置了施工现场的各种资源、材料、构件、机械、道路、水电供应网络、生产和生活活动场地及临时工程设施，确保整个现场能够有序、文明地进行施工。

5. 主要技术经济指标

技术经济指标是衡量组织施工水平的重要标准，它全面评价了施工组织设计文件的技术经济效益。

3.4.2　施工组织设计的分类

依据编制的对象范围和深度，施工组织设计可分为三个层次：施工组织总设计，全面、系统地规划整个工程项目的施工组织；单位工程施工组织设计，针对具体单位工程进行详细的施工组织安排；施工方案，针对特定施工阶段或施工环节制定的具体施工方案。

1. 施工组织总设计

施工组织总设计是针对由多个单位工程组成的群体工程或特大型项目所编制的综合性施工规划,旨在对整个项目的施工过程进行全局性的统筹规划与重点控制。

在我国,大型房屋建筑工程的通常标准包括:25 层以上的房屋建筑工程、高度 100 m 及以上的构筑物或建筑物工程、单体建筑面积 $3\times10^4\ m^2$ 及以上的房屋建筑工程、单体跨度 30 m 及以上的房屋建筑工程、建筑面积 $10\times10^4\ m^2$ 及以上的住宅小区或建筑群体工程,以及单项建安合同额 1 亿元及以上的房屋建筑工程。

在实际操作中,许多达到上述规模的建筑工程仅需要编制单位工程施工组织设计,但对于那些需要编制施工组织总设计的特大型项目,其规模往往超出上述大型建筑工程的标准,并通常需要分期分批进行建设。

2. 单位工程施工组织设计

单位工程施工组织设计,是以单位(子单位)工程为核心对象所编制的施工指导方案,对单位(子单位)工程的施工过程起着关键的指导和规范作用。在《建筑工程施工质量验收统一标准》GB 50300－2013 中,已经对单位工程和子单位工程的划分原则作出了明确规定。值得注意的是,对于已完成施工组织总设计的项目而言,单位工程施工组织设计不仅是其进一步的具体化,更是直接引导单位工程施工管理与技术经济活动的关键性文件。

3. 施工方案

施工方案,即针对分部(分项)工程或专项工程所精心编制的施工技术与组织方案,旨在具体引导并规范其施工过程。在某些情境下,它亦被称为分部(分项)工程或专项工程的施工组织设计。然而,鉴于施工方案在多数情况下是对施工组织设计的进一步细化和补充,施工组织设计中的部分内容在施工方案中无须重复阐述。因此,依据《建筑施工组织设计规范》GB/T 50502－2009,施工方案被明确定义为对特定工程施工过程的具体指导方案。

3.4.3 施工组织设计的编制方法

1. 施工组织设计的编制原则

(1) 符合施工合同或招标文件中有关工程进度、质量、安全、环境保护、造价等方面的要求。

(2) 积极开发、使用新技术和新工艺,推广应用新材料和新设备(在目前市场经济条件下,企业应当积极利用工程特点,组织开发、创新施工技术和施工工艺)。

(3) 坚持科学的施工程序和合理的施工顺序,采用流水施工和网络计划等方法,科学配置资源,合理布置现场,采取季节性施工措施,实现均衡施工,达到合理的经济技术指标。

(4) 采取技术和管理措施,推广建筑节能和绿色施工。

(5) 与质量、环境和职业健康安全三个管理体系有效结合(为保证持续满足过程能力和质量保证的要求,国家鼓励企业实行质量、环境和职业健康安全管理体系的认证制度,且目前该三个管理体系的认证在我国建筑行业中已较普及,并且建立了企业内部管理体系文件,编制施工组织设计时,不应违背上述管理体系文件的要求)。

2. 施工组织设计的编制依据

(1) 施工组织设计应由项目负责人主导编制,可根据实际情况灵活选择分阶段编制和审批的方式。对于跨越时间长、涉及多阶段建设的项目,以及地基基础、主体结构、装修装饰和机电设备安装由不同单位承担的项目，在获得建设单位同意的前提下，施工单位可采取分阶段编制施工组织设计的策略。

(2) 施工组织总设计应由总承包单位技术负责人进行审批；单位工程施工组织设计则由施工单位技术负责人或其授权的技术人员负责审批；施工方案由项目技术负责人审批。对于重点、难点分部(分项)工程和专项工程施工方案，应由施工单位技术部门组织相关专家进行评审，并最终由施工单位技术负责人批准。

在《建设工程安全生产管理条例》中明确规定：对于达到一定规模且危险性较大的分部(分项)工程，必须编制专项施工方案，并附上安全验收结果，经施工单位技术负责人、总监理工程师签字后方可实施。这些工程包括但不限于：① 基坑支护与降水工程；② 土方开挖工程；③ 模板工程；④ 起重吊装工程；⑤ 脚手架工程；⑥ 拆除爆破工程；⑦ 国务院建设行政主管部门或其他相关部门规定的其他危险性较大的工程。

特别地，对于涉及深基坑、地下暗挖工程、高大模板工程的专项施工方案，施工单位还需组织专家进行论证和审查。此外，施工单位还应根据项目特点和地方政府部门的相关规定，对具有一定规模的重点、难点分部(分项)工程进行相应论证。

以上内容详见《危险性较大的分部分项工程安全管理规定》(住房城乡建设部令第37号)和住房城乡建设部办公厅关于实施《危险性较大的分部分项工程安全管理规定》有关问题的通知。

(3) 由专业承包单位负责施工的分部(分项)工程或专项工程的施工方案，应由其技术负责人或技术负责人授权的技术人员进行审批。若存在总承包单位，则该施工方案应由总承包单位项目技术负责人进行核准备案。

(4) 规模较大的分部(分项)工程和专项工程的施工方案，应严格遵循单位工程施工组织设计的原则进行编制和审批。

有些分部(分项)工程或专项工程如主体结构为钢结构的大型建筑工程，其钢结构分部规模很大且在整个工程中占有重要的地位，需另行分包，遇有这种情况的分部(分项)工程或专项工程，其施工方案应按照施工组织设计进行编制和审批。

3.4.4 施工组织设计的动态管理

在项目施工过程中，若遇到以下任一情况，施工组织设计需及时进行修改或补充。

(1) 工程设计发生重大修改：当工程设计图纸出现重大变动，如地基基础或主体结构形式、装修材料或做法、机电设备系统等的重大调整时，需对施工组织设计进行相应修改。对于工程设计图纸的一般性修改，则根据具体情况对施工组织设计进行补充；而对于细微的修改或更正，施工组织设计通常无须调整。

(2) 法律、法规、规范和标准的实施、修订或废止：当与工程实施、检查或验收相关的法律、法规、规范和标准开始实施或发生变更时，施工组织设计需进行必要的修改或补充。

(3) 主要施工方法发生重大调整：由于主客观条件的变化，施工方法出现重大变更时，原有的施工组织设计可能无法正确指导施工，因此需要对其进行修改或补充。

(4) 主要施工资源配置发生重大调整：当施工资源的配置发生重大变更，且这种变更对施工方法、施工进度、质量、安全、环境或造价等方面产生潜在重大影响时，需对施工组织设计进行修改或补充。

(5) 施工环境发生重大改变：施工环境的显著变化，如施工延期导致的季节性施工方法调整、施工场地变动造成的现场布置和施工方式改变等，可能使原有的施工组织设计无法正确指导施工，此时需对其进行修改或补充。

修改或补充后的施工组织设计应重新审批后方可实施。在项目施工前，应进行施工组织设计的逐级交底工作，并在施工过程中对施工组织设计的执行情况进行定期的检查、分析和适时调整。

【科普知识】

中国建筑领域最高奖项——鲁班奖

鲁班是中国古代杰出的工匠大师，他的技艺和创新精神被后世传颂千年。鲁班奖正是以他的名字命名，旨在传承和弘扬中国传统的工匠精神。20 世纪 80 年代，随着中国经济的快速发展和城市化进程的加速，建筑行业迎来了前所未有的机遇和挑战。为了提高建筑工程质量，鼓励建筑企业创新施工技术和管理方法，促进建筑行业的健康发展，1987 年，中国建筑业联合会(现为中国建筑业协会)决定设立“建筑工程鲁班奖”。这一举措，开启了中国建筑行业追求卓越品质的新征程，也为中国建筑领域树立了一座不朽的丰碑。

鲁班奖的评选标准极为严格，涵盖了工程建设的各个方面，体现了对工程质量、技术创新、施工管理等全方位的高要求。

1. 工程质量

1) 结构安全可靠

建筑工程的结构是其核心和基础，鲁班奖要求工程结构必须安全稳定，能够承受设计荷载和各种自然力的考验。在施工过程中，要严格按照设计要求和相关规范进行施工，确保结构的强度、刚度和稳定性达到高标准。

2) 装饰装修精美

不仅注重建筑的内在质量，还对外观和装饰装修有着极高的要求。装饰装修工程要做到工艺精湛、细节完美，选用优质环保的材料，色彩搭配谐调美观，为用户提供舒适、美观的使用空间。

3) 设备安装运行良好

建筑内的各类设备，如电气、给排水、通风空调等，必须安装准确、运行稳定。设备的性能要符合设计要求，调试工作要细致到位，确保设备在使用过程中能够正常运行，为建筑的功能发挥提供有力保障。

2. 技术创新

1) 应用新技术、新工艺

鼓励建筑企业在工程建设中积极应用新技术、新工艺、新材料和新设备，推动建筑行业的技术进步。获奖工程应在施工技术方面有显著的创新和突破，提高工程建设的效率和质量，降低工程成本，为行业发展提供借鉴和示范。

2) 解决施工难题

在工程建设过程中，能够成功解决复杂的施工技术难题，如特殊地质条件下的基础施工、超高层建筑的施工技术、大型钢结构的安装等。通过技术创新和科学管理，克服困难，确保工程顺利进行，展现出建筑企业的技术实力和创新能力。

3. 施工管理

1）项目管理规范

施工企业要有完善的项目管理体系，对工程进度、质量、安全、成本等进行全面有效的管理。项目管理团队要具备高素质和丰富的经验，能够合理安排施工资源，优化施工组织设计，确保工程按计划顺利推进。

2）质量控制严格

建立健全质量保证体系，从原材料采购到施工过程的每一个环节，都要有严格的质量检验和控制措施。实行质量追溯制度，对出现的质量问题能够及时发现、及时处理，确保工程质量始终处于受控状态。

3）安全文明施工

高度重视安全生产和文明施工，施工现场要符合安全规范要求，设置完善的安全防护设施，保障施工人员的生命安全。同时，要注重环境保护，减少施工对周边环境的影响，做到施工过程整洁、有序，展现良好的企业形象。

鲁班奖作为中国建筑领域的最高奖项，见证了中国建筑行业的辉煌发展历程，激励着无数建筑人为之奋斗拼搏。它不仅是对优秀建筑工程的表彰，更是对中国传统工匠精神的传承和弘扬。在未来的建筑事业中，鲁班奖将继续发挥其引领和示范作用，推动中国建筑行业不断追求卓越品质，创新施工技术，提升管理水平，为实现中华民族伟大复兴的中国梦贡献更多的精品建筑工程。让我们共同期待中国建筑行业在鲁班奖的激励下，创造更加灿烂的明天！

以下是近几年部分获得鲁班奖的工程名单：

2023 年度鲁班奖工程(部分)

(1) 北京新机场工程(航站楼及换乘中心、停车楼)

(2) 腾讯北京总部大楼

(3) 成都天府国际机场航站楼及配套设施工程

2022 年度鲁班奖工程(部分)

(1) 国家雪车雪橇中心项目

(2) 浙江省台州湾大桥及接线工程

(3) 西安交通大学科技创新港科创基地项目

2021 年度鲁班奖工程(部分)

(1) 北京大兴国际机场南航基地项目

(2) 南京长江第五大桥

(3) 深圳市东部过境高速公路连接线工程

【思考与练习】

模块 4

建设工程项目进度管理

案例引入

在执行某专用宿舍楼工程项目期间，项目团队精心策划了整个施工周期，以确保工程能够如期完成。依据项目的具体需求和施工环境，项目组与相关方达成共识，确定了合同规定的工期为 88 天。为了保障工程的顺利推进，项目组在开工前进行了周详的筹备和规划。

开工日期定于 2018 年 6 月 19 日，这一天标志着项目的正式启航，所有参与人员都清晰地了解了自己的职责和任务。项目组依据合同工期和开工日期，预测了工程的竣工时间，即 2018 年 9 月 15 日。这一预测的竣工时间是基于项目组对工程量、施工难度、资源配置等多方面因素的全面评估后得出的。

为了确保工程项目的顺利进行，并且能够更加高效地管理和监控工程的进度，项目管理团队决定采用 Project 软件这一强大的工具来制订一个全面而细致的施工总进度计划。这个计划采用了时标网络图的形式，它不仅详细地列出了整个施工过程中各个阶段的关键时间节点，确保了每个施工环节都能够按时完成，而且还对资源的分配进行了精心的规划，包括了对各种施工材料的采购计划，以及对施工人员的配置和调度，确保了人力资源的合理利用和高效运作。通过这样的计划，项目组能够对工程进度进行精确的控制，及时发现并解决可能出现的问题，从而保证了整个工程项目的质量和进度，为项目的成功完成奠定了坚实的基础。

施工总进度计划制定完成后，项目组进一步将其导入 BIM5D 平台。通过 BIM5D 平台，项目组能够将进度计划与项目模型紧密地结合，实现了进度管理的可视化和动态化。

在 BIM5D 平台上，项目组能够实时监控工程进度，及时识别偏差，并采取相应的调整措施。这种基于模型的进度管理方法，不仅提升了管理效率，还加强了团队成员间的沟通与协作。通过这种方式，项目组能够确保每个施工环节均能依照既定的进度计划顺利推进，从而为整个工程的按时完工提供了坚实的保障。

根据案例内容，思考施工进度计划编制的依据和方法。

课程目标

(1) 掌握流水施工及工程网络计划参数的计划方法。

(2) 了解施工进度控制的方法。

(3) 了解 BIM5D 在进度管理中的应用。

4.1　工程进度影响因素与进度计划系统

4.1.1　工程进度影响因素

工程进度计划系统的精心制订与明确表述，对于确保项目如期完成至关重要。在制订过程中，必须全面考量各种潜在影响进度的因素，并借助高效工具和方法进行精准呈现。以下是对这些影响因素的细致梳理及如何在进度计划系统中有效应对的体现。

1. 相关单位影响

(1) 建设单位：通过设计变更管理流程，明确设计变更的审批路径，确保资金流稳定。

(2) 勘察设计单位：加强前期勘察的准确性，实施设计审查机制，提高设计的可施工性和适应性。

(3) 工程监理单位：强化监理职责，提高沟通效率，确保指令准确及时，加强质量控制和进度监督。

(4) 材料、设备供应商：建立可靠的供应链管理，选择信誉良好的供应商，实施严格的材料检验流程。

2. 协作部门及社会环境影响

(1) 协作部门：加强沟通协调，提前获取相关部门支持，确保施工许可等手续及时办理。

(2) 社会环境：评估外部环境风险，制订应急预案，与当地政府和社会机构保持良好沟通，以应对突发事件。

3. 自然条件影响

(1) 地质与气候：进行充分的地质勘探和气候数据分析，制订适应性施工方案，预留应对自然灾害的时间缓冲。

(2) 文物保护：与文物管理部门合作，提前规划文物保护措施，避免施工冲突。

4. 施工单位自身因素

(1) 施工技术与管理：优化施工方案，采用成熟技术，提升施工团队技能，加强项目管理培训，提高组织协调效率。

(2) 资源配置与计划：精细化管理资源，优化施工设备配置，确保材料供应充足，提高计划的灵活性和预见性。

4.1.2　建设工程进度计划系统

施工单位的进度计划系统，作为保障施工项目准时完工的核心管理体系，依托多层次、多维度的计划编制和严格的执行控制，实现了对整体施工流程的细致化管理和实时调整。下面将详细剖析这一高效运作的系统。

1. 按项目组成编制的施工进度计划

1) 施工总进度计划

施工总进度计划是对整个项目范围内所有单位工程的时间安排，基于施工部署和施工方案,明确各工程的施工期限和起止日期。确保整体施工的协调性,合理规划资源(包括人力、材料、设备等)需求与分配,以及临时设施、水电供应和交通物流的安排,是项目按时交付的前提。

2) 单位工程施工进度计划

单位工程施工进度计划是针对单个单位工程,根据既定施工方案、限定工期和资源供应条件,制定各施工过程的时间和空间安排。确保单位工程在预定时间内高质量完成,为资源需求计划和施工准备工作提供基础。

3) 分部分项工程进度计划

分部分项工程进度计划聚焦于工程量大或技术复杂的单项工程,基于特定施工方案细化每一步施工过程的时间安排。确保单位工程进度计划的顺利实施,解决具体施工难题,维持工程进度的连贯性。

2. 按时间进展阶段编制的施工进度计划

年度、季度、月(旬)作业计划:为实现总进度计划,施工进度计划被进一步细分到不同时间尺度。年度计划设定全年施工目标,季度计划细化季度工作内容,月或旬作业计划则精确到日常作业安排,形成逐级保障的计划体系。通过逐层细化,施工进度的控制变得更加具体和灵活,有助于及时监控和调整,确保施工活动与进度计划相匹配,有效应对施工过程中可能出现的任何偏差或延误。

施工单位的进度计划系统通过项目组成和时间阶段两个维度的计划编制,实现了从宏观到微观的全面覆盖,确保了施工活动的有序进行和项目的按期交付。这一系统强调了计划的层次性、灵活性和实用性,成为现代工程项目管理中不可或缺的一部分。

4.1.3 建设工程进度计划的表述形式

在现代工程管理领域,为了确保各类项目能够高效、有序地推进,对工程进度进行详细的计划和控制是至关重要的。这一过程涉及对项目各个阶段的严密监控,以确保所有任务按时完成,同时还要考虑资源分配和风险管理等多方面因素。因此,选择一种合适的工程进度计划表达形式显得尤为重要。在众多的表达方式中,横道图和网络图被广泛认为是两种最为有效和常用的方法。

横道图,也被人们亲切地称为甘特图,它以时间为主线,通过条形图的形式,直观地展示了不同工程活动的开始时间、结束时间以及它们之间的持续时长。这种表达方式使得项目管理人员能够一目了然地了解整个项目的进度情况,以及各个活动的时间安排,从而更好地进行资源分配和时间管理。

网络图,则是一种以节点和箭线表示工程活动及其逻辑关系的图形化工具。它通过展示活动之间的依赖关系和路径长度,来表明项目的整体进度。网络图的优点在于,它能够更清晰地显示出各活动之间的逻辑关系和关键路径,有助于项目管理者识别影响工程进度的关键环节。一旦发现了关键环节,项目管理者就可以采取有效的措施,来保障工程按照预定的计划推进。

总的来说,无论是横道图还是网络图,它们都是工程项目管理中不可或缺的工具。它们各自有着独特的优点,横道图更便于直观地了解整个项目的进度情况和各个活动的时间安排,而网络图则能更清晰地显示出各活动之间的逻辑关系和关键路径。这两种工具对于提高工程管理的效率和效果起着至关重要的作用,是工程项目管理中不可或缺的一部分。

4.2　流水施工进度计划

流水施工是一种科学有效的施工组织方法，可以充分利用工作时间和操作空间，减少非生产性劳动消耗，提高劳动生产率，保证工程施工连续、均衡、有节奏地进行，从而对提高工程质量、降低工程成本、缩短工期有着显著作用。为直观有效地表达流水施工，就需要编制流水施工进度计划。

4.2.1　流水施工特点

根据工程施工特点、工艺流程、资源利用、平面或空间布置等要求不同，工程施工组织方式通常有三种：依次施工、平行施工和流水施工。通过比较三种不同施工组织方式，即可理解流水施工特点。

例如，现设某小区拟建设Ⅰ、Ⅱ、Ⅲ三栋建筑结构相同的住宅楼，其基础工程均包含挖基坑、浇基础（即浇筑混凝土基础）和回填土三个施工过程，分别由相应的专业工作队按照施工工艺要求依次完成。各专业工作队在每栋住宅楼的施工时间均为5周，各专业工作队人数分别为10人、16人和8人。三栋住宅楼的基础工程分别采用不同施工组织方式，如图4.1所示。

1. 依次施工

依次施工，作为最基础、最传统的施工组织方式，其特性在图4.1“依次施工”栏中得以体现。具体而言，它有如下显著特点。

（1）未能充分利用工作面进行施工，导致工期相对较长。

（2）若以专业为单位组建工作队，各专业工作队间的作业难以保持连续性，常出现间歇，从而使得劳动力和施工机具等资源的调配难以实现均衡。

（3）若仅由一支工作队承担全部施工任务，虽能简化施工管理，但无法实现专业化施工，进而影响劳动生产率的提升和工程质量的保障。

（4）单位时间内投入的劳动力、施工机具等资源相对较少，有利于资源的组织和供应管理。

（5）因只有一支工作队负责施工作业，使得施工现场的组织管理工作相对简单直接。

2. 平行施工

平行施工，即组织多支同类型的专业工作队，在同一时间段内，于不同的工作面上，遵循施工工艺要求，同步进行各施工对象的作业。从图4.1“平行施工”栏中，可以清晰地观察到平行施工组织方式的特点，包括高效的时间利用、灵活的资源调配以及施工对象的并行推进。

（1）此方案能高效利用工作面进行施工，显著缩短工期。

（2）若按专业分别组建工作队针对每一施工对象，各专业工作队将无法保持连续作业，导致工作间歇，进而影响劳动力和施工机具等资源的均衡使用。

（3）若仅由一个工作队全权负责某一施工对象的所有任务，虽能实现一体化管理，但将难以发挥专业化施工的优势，不利于提升劳动生产率和保障工程质量。

（4）在单位时间内，若劳动力、施工机具等资源投入成倍增长，将给资源供应的组织带来巨大压力，不利于资源的有效调配。

（5）当多个专业工作队同时在现场施工时，施工现场的组织管理将变得相当复杂，需投入

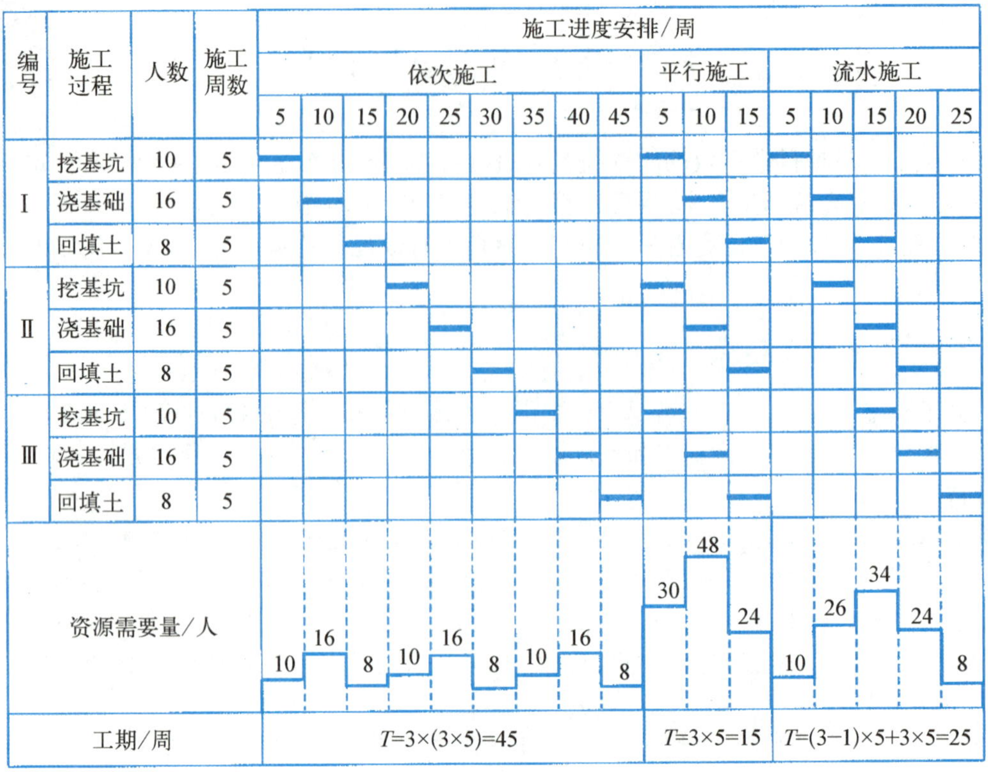

图 4.1　采用不同施工组织方式的比较

更多精力进行协调和管理。

3. 流水施工

流水施工是一种高效的组织方法，它将拟建工程细化为多个施工过程，并据此组建相应的专业工作队。这些专业工作队按照预定的施工顺序，依次完成各个施工对象的作业流程，确保施工在时间和空间上的连续性、均衡性和节奏性，同时最大化相邻工作队之间的搭接作业效率。从图 4.1“流水施工”栏中，可以观察到，流水施工组织方式具有以下显著特点。

(1) 充分利用工作面进行施工，实现较短的工期。

(2) 各工作队的专业化施工不仅提升了施工技术水平和劳动效率，也确保了工程质量的提升。

(3) 专业工作队的连续作业确保了施工进程的流畅，同时最大化了相邻专业工作队之间的搭接作业效率。

(4) 单位时间内投入的劳动力、施工机具等资源相对均衡，为资源的有效供应和组织提供了便利。

(5) 为施工现场的文明施工和科学管理奠定了坚实的基础。

4.2.2　流水施工表达方式

流水施工通常用横道图和垂直图表示。

1. 流水施工横道图表示法

某基础工程的流水施工横道图计划如图 4.2 所示。该图左侧部分清晰展示了施工过程，而右侧部分的横坐标则明确标明了流水施工的时间安排以及各个施工过程或专业工作队的施工进度。图中的编号①②……代表不同的施工段。

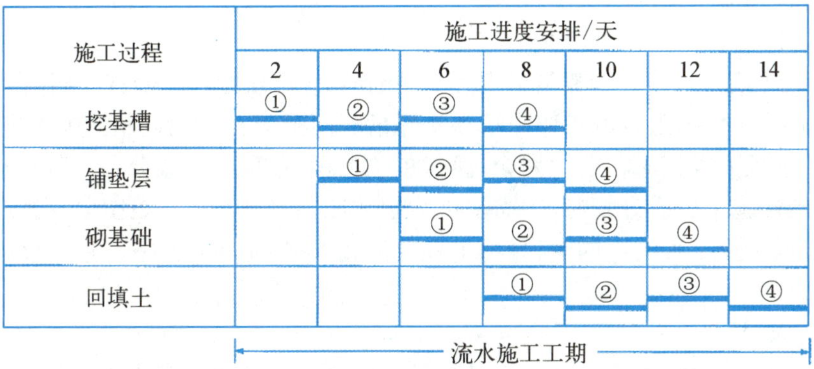

图 4.2 某基础工程流水施工横道图计划

横道图在表达流水施工方面独具优势：其绘制过程简便，能够清晰呈现施工过程的先后顺序，且时间与空间状态直观易懂，使用便捷。因此，在工程实践中得到了广泛应用。

2. 流水施工垂直图表示法

某标段公路工程的流水施工垂直计划如图 4.3 所示，其中横坐标精准地标识了施工过程所处的空间位置或里程，而纵坐标则清晰地展示了流水施工的时间安排，图中的斜向线段直观地描绘了施工过程或专业工作队的施工进度。

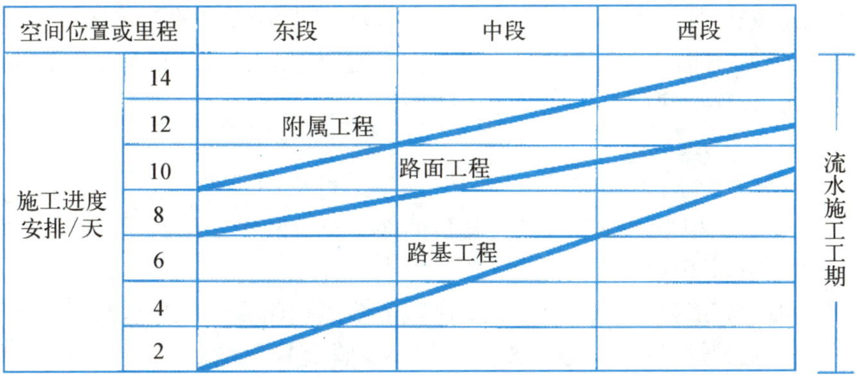

图 4.3 某基础工程流水施工横道图计划

对于铁路、公路、地铁、输电线路以及天然气管道等线性工程而言，施工进度计划采用垂直图表达方式是更为适宜的选择。这种表达方式的优势在于，它能够清晰地展示施工过程的先后顺序，以及时间和空间状况，使得整个施工过程一目了然。此外，斜向进度线的斜率还能够直观地反映各个施工过程的进展速度，为工程管理提供了有力的参考。

4.2.3 流水施工参数

组织流水施工需要通过确定一系列流水参数来实现。按照其性质不同，流水施工参数可分为工艺参数、空间参数和时间参数。

1. 工艺参数

工艺参数是指在组织流水施工时，用以表达流水施工在施工工艺方面进展状态的参数，通常包括施工过程和流水强度两个参数。

1）施工过程(n)

在组织流水施工时，首要步骤是将工程对象合理地划分为若干个施工过程。这些施工过程的划分精细度，应依据项目的具体需求和实际情况而定。在编制控制性施工进度计划时，流水施工的施工过程可以相对粗略地划分，涵盖单位工程、单项工程或分部工程等较大范围。然而，当编制实施性施工进度计划时，则需要更为细致地划分施工过程，比如以分项工程为基础，甚至进一步根据专业工种的不同，将分项工程分解为具体的施工工序。施工过程的数量通常使用字母 n 表示。

2）流水强度(V)

流水强度，即流水能力或生产能力，是衡量流水施工中某一特定施工过程(或专业工作队)在单位时间内所完成的工程量的重要指标。具体而言，它反映了施工团队在特定时间段内的工作效率。例如，在浇筑混凝土施工过程中，流水强度便是指每一工作班能够完成的混凝土浇筑体积，这直接体现了施工团队的作业效率和生产能力。

2. 空间参数

空间参数是指在组织流水施工时，用以表达流水施工在空间布置上开展状态的参数。空间参数通常包括工作面和施工段。

1）工作面

工作面，作为特定专业工种工人或施工机械进行作业的活动空间，其大小直接反映了可安排的施工人数或机械台数的多少。每个作业工人或施工机械所需的工作面尺寸，均基于其单位时间内能完成的工程量和安全施工标准。工作面的合理确定对于专业工作队的生产效率具有直接影响，因此，必须精确而合理地设定工作面的大小。

2）施工段(m)

施工段，也被称为流水段，指的是在组织流水施工过程中，将拟建工程在平面上细分为若干个劳动量相当或大致相当的施工区域。其目的在于充分利用工作面，优化流水施工的效率。施工段的数量通常用 m 表示。

由于施工段内的施工任务会由专业的工作队伍按照顺序完成，因此，两个相邻的施工段之间可能会形成一个施工缝。同时，施工段数量的多少将直接影响流水施工的整体效果。为了合理划分施工段，应遵循以下原则。

(1) 各施工段的劳动量应尽可能保持平衡，相差幅度不宜超过 15%，以确保施工能够在连续、均衡的状态下顺利进行。

(2) 每个施工段都需要确保拥有足够的工作面，以支持相应数量的工人和主导施工机械的高效运作。

(3) 施工段的界线应尽量与结构的界线(如沉降缝、伸缩缝等)相吻合，或选择在对建筑结构整体性影响较小的部位，以保持建筑结构的完整性。

(4) 施工段的数量需满足流水施工的合理组织需求。数量过多可能降低施工速度，延长工期；数量过少则可能无法充分利用工作面，导致窝工现象。

(5) 对于多层建筑、构筑物或需要分层施工的工程，既需要划分施工段，也需要划分施工层。当各专业工作队依次完成第一施工层中的各施工段任务后，再转入第二施工层的施工段进行作业，以此类推。这样，可以确保各专业队伍在施工段与施工层之间，实现连续、均衡、有节奏的流水施工。

3. 时间参数

时间参数是指在组织流水施工时，用以表达流水施工在时间安排上所处状态的参数，主要包括流水节拍、流水步距和流水施工工期等。

1) 流水节拍(t)

流水节拍，即专业工作队在施工段上的施工时间，是反映流水施工速度和节奏性的关键指标。当流水节拍较小时，施工速度较快，节奏感明显；反之，施工速度则减缓，节奏感减弱。此外，流水节拍还直接决定了单位时间内资源的供应量，成为区分不同流水施工组织方式的重要特征参数。

对于同一施工过程，其流水节拍主要受到施工方法、施工机械、工作面允许的工人数量、机械台数以及工作班次等因素的影响。为了均衡施工进度、减少转移施工段时的工时损耗，可以适当调整流水节拍，且建议其数值设定为半个工作班的整数倍，以优化施工效率和资源利用。

2) 流水步距(K)

流水步距，即两个相邻的专业工作队开始施工的最短间隔时间，其数量直接受参与流水施工过程的数量影响。当施工过程数为 n 时，流水步距的总数则为 $n-1$。

流水步距的大小，主要取决于相邻两个专业工作队在各施工段上的流水节拍以及流水施工的组织方式。在确定流水步距时，应满足以下基本要求。

(1) 各施工过程须按照其固有的流水速度进行，确保工艺顺序始终如一。

(2) 各施工过程的专业工作队一旦投入施工，应尽可能保持连续作业。

(3) 在满足连续施工的前提下，相邻两个专业工作队应尽可能实现合理的搭接施工。

基于上述基本要求，可以根据不同的流水施工组织方式，选用合适的方法来确定流水步距。

3) 流水施工工期(T)

流水施工工期，即指自首个专业工作队启动流水作业起，直至最后一个专业工作队完成其流水作业，所经历的完整时间周期。鉴于一项建设工程往往由多个流水组构成，因此，流水施工工期通常并不等同于整个工程的总工期。

4.2.4 流水施工的基本方式

在流水施工中，由于流水节拍的规律不同，决定了流水步距、流水施工工期的计算方法等也不同，甚至影响各施工过程的专业工作队数目。为此，按照流水节拍特征将流水施工分类，如图 4.4 所示。

1. 有节奏流水施工

有节奏流水施工是指在组织流水施工时，每一个施工过程在各施工段上的流水节拍都各自相等地流水施工，又可分为等节奏流水施工和异节奏流水施工。

1) 等节奏流水施工

等节奏流水施工是指在有节奏流水施工中，各施工过程的流水节拍都相等的流水施工，也称为固定节拍流水施工或全等节拍流水施工。

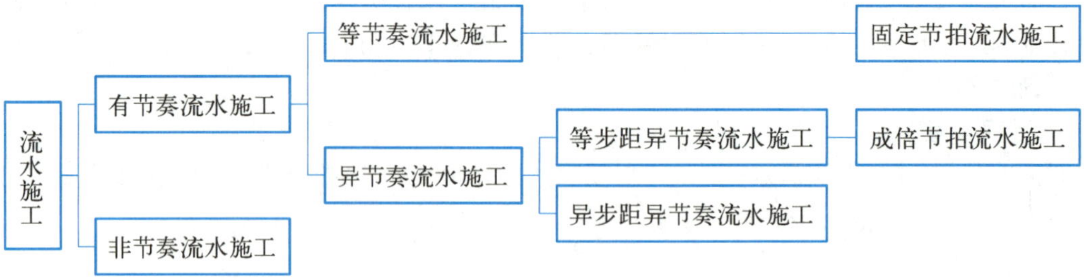

图 4.4　流水施工分类

(1) 全等节拍流水施工,作为一种理想的流水施工模式,独具以下显著特点。

① 在全部施工过程中,各施工段的流水节拍均保持一致。

② 相邻施工过程的流水步距完全相同,且等同于流水节拍。

③ 专业工作队数与施工过程数相匹配,确保每个施工过程均有专属的专业工作队。

④ 各专业工作队在施工段上能实现无缝衔接,保证施工段之间无闲置时间。

(2) 流水施工工期的计算。计算公式为:

$$T=(m+n-1)K \qquad \text{(公式 4.1)}$$

式中 T——流水施工工期;m——施工段数;n——施工过程数;K——流水步距。

在组织流水施工时,除了确保相邻两个专业工作队间的流水步距得到妥善安排外,还应充分考虑合理的间歇时间(Z),包括施工技术间歇时间和组织间隙时间。例如,混凝土浇筑后需要的养护时间,以及抹灰、油漆粉刷后所需的干燥时间等,都是确保施工质量和安全性的重要环节。

在某些情况下,为了更有效地缩短工期,当前一个专业工作队完成部分作业后,若能为后一个专业工作队提供足够的工作面,后者可以提前进入施工,从而实现两者在同一施工段上的平行搭接施工。这段特殊的搭接时间被称为平行搭接时间或提前插入时间(C)。

在综合考虑间歇时间和提前插入时间的前提下,流水施工工期的计算公式为:

$$T=(m+n-1)K+\sum Z-\sum C \qquad \text{(公式 4.2)}$$

式中 $\sum Z$——间歇时间之和;$\sum C$——提前插入时间之和。其他符号意义同前。

(3) 工程示例。某工程分为Ⅰ、Ⅱ、Ⅲ、Ⅳ四个施工过程,各施工过程的流水节拍均为 4 天。其中,施工过程Ⅰ与Ⅱ之间有 2 天提前插入时间,Ⅲ与Ⅳ之间有 1 天技术间歇时间,试编制流水施工进度计划并确定流水施工工期。

【解】 由于各施工过程的流水节拍均为 4 天,故该工程可组织全等节拍流水施工。编制全等节拍流水施工进度计划如图 4.5 所示,流水施工工期计算如下:

$$T=(m+n-1)K+\sum Z-\sum C=(4+4-1)\times 4+2-1=27(\text{天})$$

2) 异节奏流水施工

在一般情况下,组织全等节拍流水施工颇具挑战。鉴于不同施工段中,影响流水节拍的因素各异,确保所有施工过程的流水节拍均达到彼此一致颇为困难。然而,当施工段的划分恰到好处时,实现同一施工过程各施工段流水节拍的一致性并非难事。由此,异节奏流水施工得以

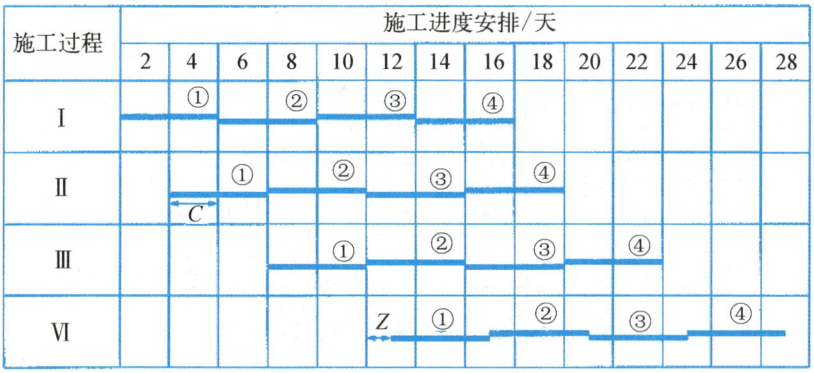

图 4.5 全等节拍流水施工进度计划

实施。异节奏流水施工，即在有节奏流水施工中，各施工过程的流水节拍各自保持相等，而不同施工过程之间的流水节拍则可能不尽相同。

(1) 在组织异节奏流水施工时，可采用等步距和异步距两种方式。

① 等步距异节奏流水施工。等步距异节奏流水施工是指在组织异节奏流水施工时，按每个施工过程流水节拍之间的比例关系，成立相应数量的专业工作队而进行的流水施工，也称为成倍节拍流水施工。为加快施工进度，对流水节拍长的施工过程可相应增加专业工作队，按全等节拍方式组织施工。因此，有时也称为加快的成倍节拍流水施工。

② 异步距异节奏流水施工。异步距异节奏流水施工是指在组织异节奏流水施工时，每个施工过程成立一个专业工作队，由其完成各施工段任务的流水施工。

(2) 加快的成倍节拍流水施工具有以下特点。

① 同一施工过程在各个施工段上的流水节拍均相等；不同施工过程的流水节拍为倍数关系。

② 相邻施工过程的流水步距相等，且等于流水节拍的最大公约数。

③ 专业工作队数大于施工过程数。对于流水节拍大的施工过程，可按其倍数增加相应专业工作队数目。

④ 各专业工作队在施工段上能够连续作业，施工段之间没有空闲时间。

(3) 流水施工工期的计算公式为：

$$T=(m+N-1)K+\sum Z-\sum C \qquad \text{(公式 4.3)}$$

式中 K——流水步距，取各施工过程流水节拍的最大公约数；N——参加流水作业的专业工作队数。其他符号意义同前。

(4) 工程示例。某工程由 4 幢相同的装配式单体建筑组成，每幢建筑可视为一个施工段，施工过程划分为基础工程、结构安装、室内装修和室外工程，编制的异步距异节奏流水施工进度计划，如图 4.6 所示。

由图 4.6 可知，如果按 4 个施工过程组建 4 个专业工作队组织异步距异节奏流水施工，流水施工工期为：

$$T=(5+10+25)+5\times4=60(\text{周})$$

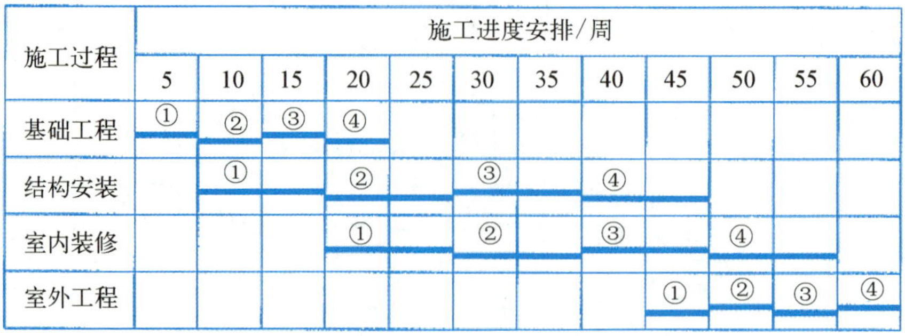

图 4.6　异步距异节奏流水施工进度计划

为加快缩短工期,可增加专业工作队,组织加快的成倍节拍流水施工。

① 计算流水步距。流水步距等于流水节拍的最大公约数,即:

$$K=\min[5,\ 10,\ 10,\ 5]=5(\text{周})$$

② 确定专业工作队数目。每个施工过程组建的专业工作队数目可按公式 4.4 计算:

$$b_j=t_j/K \qquad (\text{公式 } 4.4)$$

式中 b_j——第 j 个施工过程的专业工作队数;t_j——第 j 个施工过程的流水节拍;K——流水步距。

在本示例中,各施工过程的专业工作队数分别为:

基础工程:$b_1=t_1/K=5/5=1$

结构安装:$b_2=t_2/K=10/5=2$

室内装修:$b_3=t_3/K=10/5=2$

室外工程:$b_4=t_4/K=5/5=1$

于是,参与该工程流水施工的专业工作队总数为:1+2+2+1=6。据此,编制的加快的成倍节拍流水施工进度计划如图 4.7 所示。

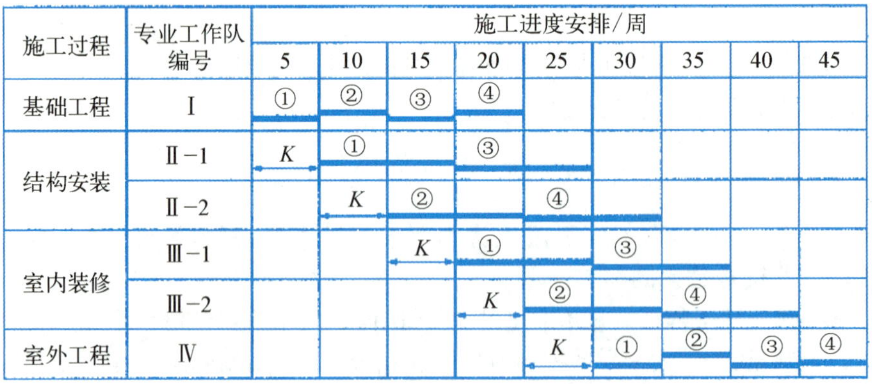

图 4.7　加快的成倍节拍流水施工进度计划

由图 4.7 可知,由于没有技术间歇及提前插入,故该工程流水施工工期为:

$$T=(m+N-1)K=(4+6-1)\times 5=45(\text{周})$$

与图 4.6 所示的异步距异节奏流水施工进度计划相比，该工程组织加快的成倍节拍流水施工可使总工期缩短 15 周。

2. 非节奏流水施工

在工程实践中，常常面临一个挑战，即不同施工段的工程量并不均衡，或者各专业工作队的生产效率存在显著差异。这种差异使得多数流水节拍难以保持一致，从而增加了组织全等节拍或成倍节拍流水施工的难度。然而，即便在流水节拍缺乏明显规律的情况下，组织流水施工依然是广为应用的施工组织方式。它展现了工程项目管理中的灵活性和适应性，确保了工程进展的连续性和效率性。

(1) 非节奏流水施工具有以下特点。

① 各施工过程在各施工段上的流水节拍不全相等。

② 相邻施工过程的流水步距不尽相等。

③ 专业工作队数等于施工过程数。

④ 各专业工作队能够在施工段上连续作业，但有的施工段之间可能有空闲时间。

(2) 流水步距的确定。组织非节奏流水施工的关键是确定相邻专业工作队之间的流水步距，使其在开始时间上能够最大限度地进行搭接。通常采用累加数列错位相减取大差法计算流水步距。

累加数列错位相减取大差法的基本步骤如下。

① 依次累加每一施工过程在各施工段上的流水节拍，求得各施工过程流水节拍的累加数列。

② 将相邻施工过程流水节拍累加数列中的后者错后一位，相减后求得一个差数列。

③ 在差数列中取最大值，即为相邻两个施工过程的流水步距。

(3) 流水施工工期的计算。计算公式为：

$$T = \sum K + \sum t_n + \sum Z - \sum C \qquad \text{（公式 4.5）}$$

式中 $\sum K$ ——各施工过程(或专业工作队)之间流水步距之和；$\sum t_n$ ——最后一个施工过程(或专业工作队)在各施工段上的流水节拍之和。其他符号意义同前。

(4) 工程示例。某工程建设中，为安装 4 台规格型号和基础条件均不相同的设备，需要修筑相应基础工程，施工过程包括基坑开挖、基础处理和浇筑混凝土，各施工过程流水节拍见表 4.1，试编制该设备基础工程流水施工进度计划并计算流水施工工期。

表 4.1　各施工过程流水节拍表　　(单位：周)

施工过程	施工段			
	设备 A	设备 B	设备 C	设备 D
基坑开挖	2	3	3	2
基础处理	4	4	3	3
浇筑混凝土	2	3	2	2

【解】从流水节拍特点可以看出,该工程可按非节奏流水施工方式组织施工。

① 确定施工流向:按 A→B→C→D 顺序施工,施工段数 $m=4$。

② 确定施工过程数 $n=3$,包括基坑开挖、基础处理和浇筑混凝土。

③ 采用"累加数列错位相减取大差法"确定流水步距:

$$\begin{array}{rrrrrr} & 2, & 5, & 8, & 10 & \\ -) & & 4, & 8, & 11, & 14 \\ \hline \multicolumn{6}{l}{K_{1,2}=\max\{2,1,0,-1,-14\}=2} \end{array}$$

$$\begin{array}{rrrrrr} & 4, & 8, & 11, & 14 & \\ -) & & 2, & 5, & 7, & 9 \\ \hline \multicolumn{6}{l}{K_{2,3}=\max\{4,6,6,7,-9\}=7} \end{array}$$

④ 绘制非节奏流水施工进度计划如图 4.8 所示。

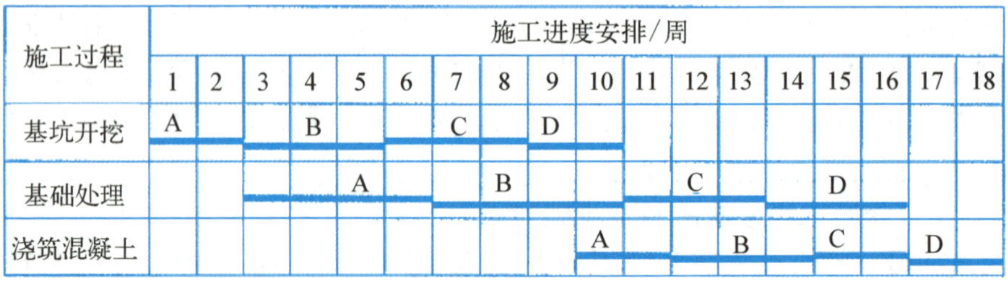

图 4.8 非节奏流水施工进度计划

⑤ 计算流水施工工期。由图 4.8 可以看出,该设备基础工程流水施工工期为:

$$T=\sum K+\sum t_n=(2+7)+(2+3+2+2)=18(\text{周})$$

4.3 工程网络计划技术

4.3.1 工程网络计划编制程序和方法

工程网络计划纷繁复杂,它们可根据多种标准进行分类。一般而言,在建设工程进度管理中,确定型网络计划是主要的应用方式。其中,双代号网络计划、单代号网络计划、双代号时标网络计划以及单代号搭接网络计划,均为最常用且基础的表现形式。

应用工程网络计划技术编制工程进度计划,其过程可细分为以下四个阶段。

1. 计划编制准备阶段

主要包括调查研究和确定网络计划目标等工作。

(1) 调查研究是至关重要的一环。其主要目标在于收集详尽且准确的资料,确保这些资料为确立合理的进度目标以及编制科学的进度计划提供坚实的支撑。调查研究的内容涵盖多个方面,具体包括:

① 工程任务的具体状况、实施所需的条件以及详细的设计资料。

② 涉及的相关标准、定额和制度规范。

③ 关于劳动力、材料、施工机具等资源的实际需求与供应状况。

④ 资金的具体需求与供应安排。

⑤ 相关的统计资料、过往经验总结以及类似工程的实际进展资料等。

(2) 确定网络计划目标，通常可以归为以下三类。

① 首先是时间目标，即常说的工期目标。

② 其次是时间—资源目标，这里往往会面临两种情形。一是“资源有限，工期最短”的目标，即在资源供应能力受限的情况下，寻求能够实现最短工期的计划安排；二是“工期固定，资源均衡”的目标，即在固定的工期范围内，寻求资源需求尽可能均衡分布的计划安排。

③ 最后是时间—成本目标，这要求在限定的工期条件下，寻求最低的总成本，或者是在追求最低总成本时，合理安排工期。

2. 网络图绘制阶段

主要包括工程项目分解、确定逻辑关系和绘制网络图等工作。

(1) 工程项目分解。将工程项目由粗到细进行分解，是编制工程网络计划的前提。工作划分的粗细程度，应根据实际需要来确定。

(2) 确定逻辑关系。依据施工方案、有关资源供应情况和施工经验等，既要考虑施工程序或工艺技术过程，又要考虑组织安排及资源调配需要，以此来分析确定各项工作之间的逻辑关系。

(3) 绘制网络图。根据已确定的逻辑关系，按绘图规则绘制网络图。既可绘制单代号网络图，也可绘制双代号网络图。还可在确定工作持续时间的基础上，根据需要编制双代号时标网络计划。

① 双代号网络图的绘制规则详细如下。

A. 网络图必须严格遵循既定的逻辑关系进行绘制。这不仅是基于网络图本身的有向、有序网状结构特性，更是确保工程质量和资源优化配置的必然要求。在双代号网络图中，虚箭线作为非实际工作的一种表示，称为虚工作，既不占用时间也不消耗资源，主要用于体现相邻两项工作间的逻辑关系。同时，虚工作还有助于区分那些同时开始和进行但拥有相同起止节点的任务。

B. 网络图中严禁出现循环回路，即从一个节点出发，顺着箭头方向最终又回到该节点的路径。这种循环回路会导致逻辑关系混乱，影响工作的正常进行。如图 4.9 所示，存在循环回路(C→E→F→D)的网络图即为错误示例。循环回路的出现，往往伴随着节点编号的错误和从右向左的逆向箭线。

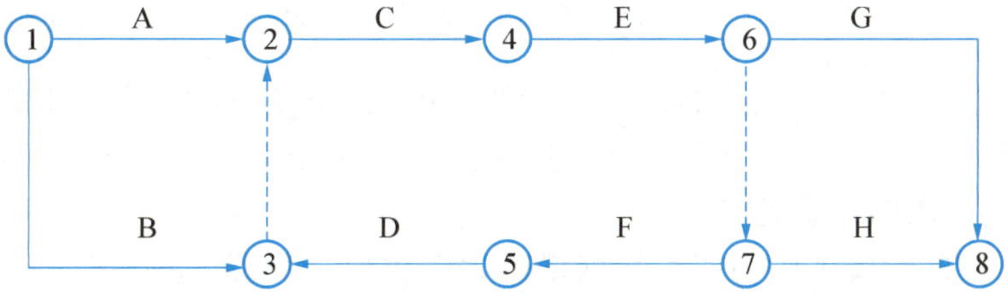

图 4.9　存在循环回路的错误网络图

C. 网络图中的箭线(包括虚箭线)应保持自左向右的单一方向，不得出现箭头向左或箭头向左倾斜的箭线。遵循此规则，可以有效避免循环回路的产生。

D. 网络图中严禁使用双向箭头或无箭头的连线,如图 4.10 所示的错误画法,因为这会使得工作方向不明确,违背网络图的有向性要求。

图 4.10 错误的工作箭线画法

E. 网络图中不应出现没有箭尾节点或没有箭头节点的箭线,如图 4.11 所示的错误画法,这种箭线无法准确表达工作关系。

图 4.11 没有节点的工作箭线错误画法

F. 箭线上严禁引入或引出其他箭线,如图 4.12 所示的错误画法,这种表示方式会导致网络图结构混乱。

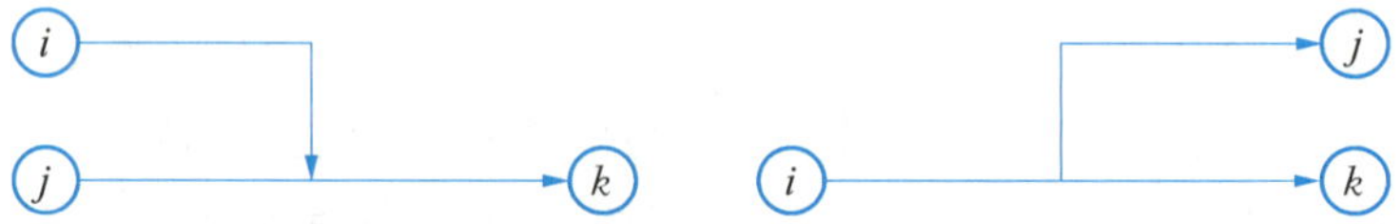

图 4.12 箭线上引入或引出箭线的错误画法

G. 网络图中应尽量避免工作箭线的交叉。当交叉无法避免时,可采用过桥法或指向法进行处理,如图 4.13 所示。

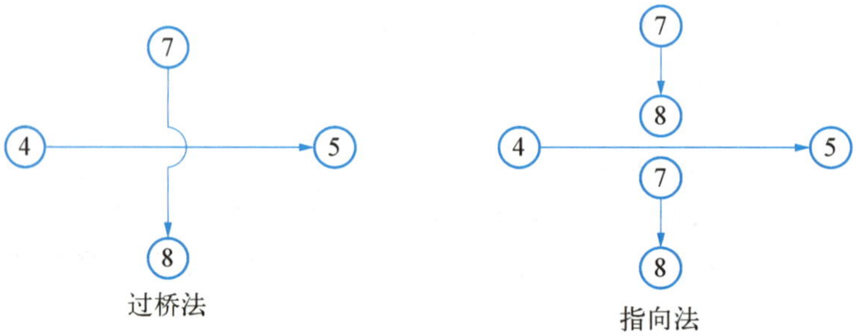

图 4.13 箭线交叉的表示方法

H. 网络图通常应有一个明确的起点节点和一个终点节点(对于需要分期完成的工作的网络计划除外)。除此之外,不应出现没有外向箭线的节点或没有内向箭线的节点。

② 单代号网络图的绘图规则。

单代号网络图的绘图规则与双代号网络图大体相似,但在某些关键点上存在显著区别。具体而言,当网络图中存在多个起始工作时,为了确保流程的清晰性和准确性,需要额外增设一个虚工作作为整个网络图的起始节点。同样地,在网络图中存在多个结束工作时,为了明确标示流程的终点,也需要增设一个虚工作,作为整个网络图的终点节点。这些调整不仅有助于提升网络图的可读性和可理解性,还能确保项目的顺利进行和有效管理。

3. 时间参数计算阶段

主要包括计算时间参数、确定关键工作和关键线路等工作。

(1) 计算时间参数时,首先需依据经验或定额,精准确定每项工作的持续时长。然后借助图上计算法、表上计算法、公式计算法等多元化方法,全面计算网络计划中的其他关键时间参数。这些参数通常涵盖工作的最早开始时间、最早完成时间、最迟开始时间、最迟完成时间,以及总时差和自由时差。在双代号网络计划中,需特别关注节点的最早时间和最迟时间;在单代号网络计划中,需精确计算相邻两项工作之间的时间间隔。最后对整个网络计划的计算工期进行细致核算。

(2) 确定关键工作和关键线路。在计算时间参数的基础上,即可根据有关时间参数确定网络计划中的关键工作和关键线路。

4. 网络计划优化阶段

主要包括优化网络计划和编制正式网络计划等工作。

优化网络计划

根据所追求的目标不同,网络计划优化包括工期优化、费用优化和资源优化三种。根据工程实际需要,可选择不同的优化方法进行工程网络计划优化。

(1) 工期优化,即在网络计划的计算工期未能达到预设要求时,采取一系列措施来压缩关键工作的持续时间,以确保实现既定的工期目标。这一优化的核心在于,在不改变网络计划中各项工作间逻辑关系的基础上,精准地调整关键工作的时长。而在选择缩短持续时间的关键工作时,应充分考量以下因素。

在工期优化过程中,应当优先考虑缩短那些对质量和安全影响较小的工作,同时这些工作应具备充足的备用资源,以及缩短其持续时间所需增加的费用最少。按照经济合理的原则,关键工作的压缩必须谨慎进行,以确保其不会转变为非关键工作。此外,当工期优化过程中遇到多条关键线路并存的情况时,为了确保工期的有效缩短,必须确保各条关键线路的总持续时间被压缩相同的数值。

(2) 费用优化,又称工期一成本优化,其核心在于探求工程总成本最低时的合理工期安排,或依据预定的工期要求,规划出成本最低的施工计划。在建设工程施工的复杂过程中,一项工作的完成通常可采用多样化的工艺技术和组织方法,这些方法的选择将直接影响工程的持续时间和费用。鉴于建设工程往往涵盖众多工作环节,因此在规划工程进度时,会形成多种方案。这些方案在总工期和总费用上各有差异,需要进行细致的比较和权衡。

工程总费用涵盖直接费和间接费两大部分。直接费具体由人工费、材料费、机械使用费、其他直接费用和现场经费等构成。施工方案的不同将直接影响直接费的数额,即使施工方案固定,工期的长短也会对直接费产生影响,通常直接费会随着工期的缩短而有所增加。相对而言,间接费则涵盖了企业经营管理的全部费用,其数额往往会随着工期的缩短而相应减少。

在规划工程总费用时,必须全面考虑工期变化可能带来的各种效益和损失,包括效益的增量以及资金的时间价值等因素。

在工程网络计划中,一个工作的直接费用率越高,意味着缩短其一个时间单位所需增加的直接费就越多;反之,减少的费用就越少。因此,在寻求缩短工期的过程中,应当优先考虑直接费用率最低的关键工作作为压缩对象。当面临多条关键线路需要同时压缩多个关键工作的持续时间时,应当选择直接费用率之和(即组合直接费用率)最小的线路作为压缩目标。

费用优化的核心策略在于:不断在网络计划中识别出直接费用率(或组合直接费用率)最低的关键工作,并缩短其持续时间,同时考虑间接费随工期缩短而减少的情况,最终找到工程总成本最低的最优工期安排,或根据特定工期要求制订成本最低的计划安排。

资源优化是指通过合理调整工作的开始时间和完成时间,使资源在时间上的分配达到优化目标,以满足工程任务对人力、材料、机械设备和资金等资源的需求。资源本身是完成特定计划任务所必需的投入,其需求量在大多数情况下是固定的,无法通过简单的优化手段减少。

(3) 资源优化通常分为两种主要类型:一是"资源有限,工期最短"的优化,旨在资源受限的情况下,通过调整计划安排,尽量减少工期的延长;二是"工期固定,资源均衡"的优化,旨在保持工期不变的前提下,通过调整计划安排,实现资源需用量的均衡分布。这两种优化方式都是为了实现资源的更有效利用,提高项目执行效率和成本控制水平。

5. 编制正式网络计划

根据网络计划优化结果,编制正式网络计划,并附网络计划编制说明书,说明网络计划的编制原则和依据、执行计划时需关注的关键问题及需要采取的措施,以及其他需要说明的问题。

4.3.2 时间参数计算方法

1. 网络计划中的时间参数

工程网络计划中的时间参数是指网络计划中的工作节点、相邻两项工作之间的时间值,以及整个网络计划的工期。

(1) 工作持续时间是指从某项工作启动到其全面完成所需的时间跨度。在双代号网络计划中,工作 $i-j$ 的持续时间用 D_{i-j} 表示;而在单代号网络计划中,工作 i 的持续时间则用 D_i 表示。

(2) 工期,通常指的是完成某一特定任务或项目所需的总时间。在网络计划管理中,工期主要分为以下三种类型。

① 计算工期(T_c):这是基于网络计划的时间参数计算得出的工期。它代表了理论上完成整个项目所需的时间。

② 要求工期(T_r):这是由任务委托人(或合同方)指定的,具有指令性质的工期,也称为合同工期。

③ 计划工期(T_p):这是根据要求工期和计算工期综合确定的,作为项目实施目标的工期。当已明确要求工期时,计划工期不应超过要求工期,即 $T_p \leqslant T_r$;而当未规定要求工期时,计划工期可以等于计算工期,即 $T_p = T_c$。

2. 工作的六个时间参数

除持续时间外,网络计划中工作的六个时间参数是最早开始时间、最早完成时间、最迟完成时间、最迟开始时间、总时差和自由时差。

(1) 最早开始时间和最早完成时间。所谓最早开始时间,是指当某项工作的所有紧前工作均已完成后，该工作可能开始的最早时间点。而最早完成时间，则是指在该工作的所有紧前工作均已完成后，该工作可能完成的最早时间点。值得注意的是，工作的最早完成时间实际上是其最早开始时间与所需持续时间的总和。

在双代号网络计划中，特定工作 $i-j$ 的最早开始时间和最早完成时间分别用 ES_{i-j} 和 EF_{i-j} 来表示；而在单代号网络计划中，工作 i 的最早开始时间和最早完成时间则分别用 ES_i 和 EF_i 来表示。这样的表示方法有助于更准确地把握项目的进度和时间安排。

(2) 最迟完成时间和最迟开始时间。工作的最迟完成时间，即在确保整个任务如期完成的前提下，该工作必须完成的最晚节点。而工作的最迟开始时间，则是指在不延误整体任务完成时间的前提下，该工作必须启动的最后时刻。这两者之间存在直接的关联，即工作的最迟开始时间，实际上是其最迟完成时间与所需持续时间之差。

在双代号网络计划中，常用 LF_{i-j} 表示工作 $i-j$ 的最迟完成时间，LS_{i-j} 则表示其最迟开始时间。而在单代号网络计划中，工作 i 的最迟完成时间则用 LF_i 表示，LS_i 则代表其最迟开始时间。

(3) 总时差和自由时差。工作的总时差，即在不干扰整体工程进度的情况下，特定工作可灵活调配的缓冲时间。

在双代号网络计划中，工作 $i-j$ 的总时差被标记为 TF_{i-j}；而在单代号网络计划中，工作 i 的总时差则标记为 TF_i。另一方面，工作的自由时差，则指的是在不影响其后续工作最早开始时间的前提下，该工作可自由调配的时间。在双代号网络计划中，工作 $i-j$ 的自由时差标记为 FF_{i-j}；而在单代号网络计划中，工作 i 的自由时差则标记为 FF_i。

从总时差和自由时差的定义中，可以明确，对于同一项工作而言，其自由时差必然不会超过总时差。当工作的总时差为零时，其自由时差也必然为零。

3. 双代号网络计划时间参数的计算

为了更加精准地安排计算过程，网络计划中工作的起始和结束时间点应当统一设定为时间单位的结束时刻。具体而言，如工作在第 3 天开始，实际上指的是第 3 天结束(即下班)时刻后，即第 4 天上班时刻才真正开始；同理，第 5 天完成则意味着工作在第 5 天结束(即下班)时刻完成。

接下来，以图 4.14 所展示的双代号网络计划为例，详细阐述采用工作计算法计算时间参数的流程。具体的计算结果(采用六时标注法)如图 4.15 所示。

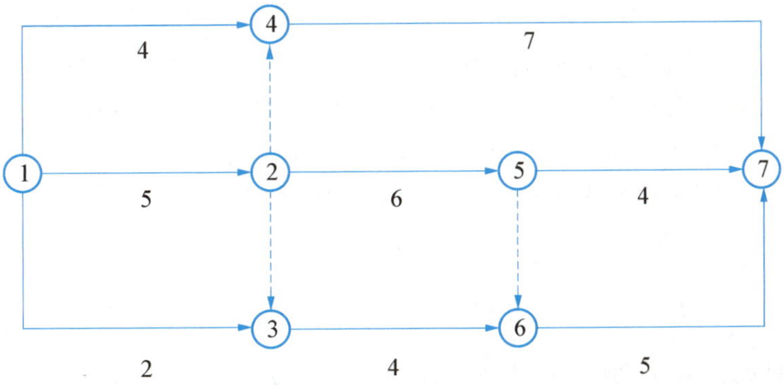

图 4.14　双代号网络计划

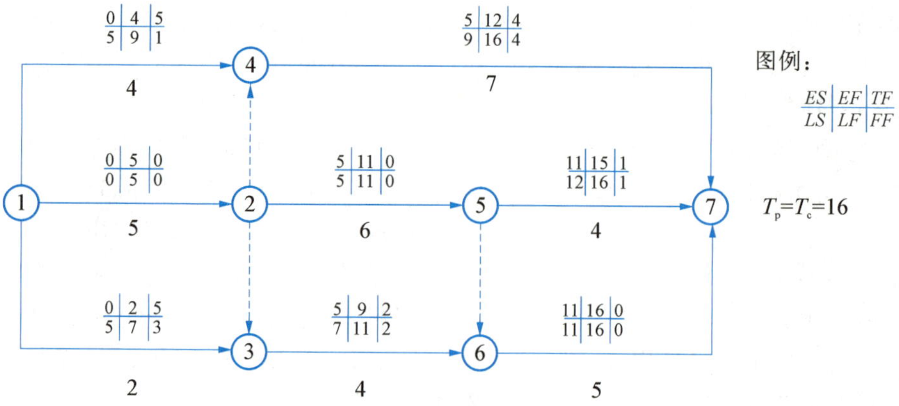

图 4.15　双代号网络计划时间参数计算结果(六时标注法)

1) 计算工作的最早开始时间和最早完成时间

工作最早开始时间和最早完成时间的计算应从网络计划的起点节点开始，顺着箭线方向依次进行，其计算步骤如下。

(1) 以网络计划起点节点为开始节点的工作，当未规定其最早开始时间时，其最早开始时间为零。例如在本例中，工作 1－2、工作 1－3 和工作 1－4 的最早开始时间均为零，即：

$$ES_{1\text{-}2}=ES_{1\text{-}3}=ES_{1\text{-}4}=0$$

(2) 工作的最早完成时间公式如下：

$$EF_{i\text{-}j}=ES_{i\text{-}j}+D_{i\text{-}j} \qquad \text{(公式 4.6)}$$

式中 EF_{i-j}——工作 $i-j$ 的最早完成时间；ES_{i-j}——工作 $i-j$ 的最早开始时间；D_{i-j}——工作$i-j$的持续时间。

在本例中，工作 1－2、工作 1－3 和工作 1－4 的最早完成时间分别为：

工作 1－2：$EF_{1\text{-}2}=ES_{1\text{-}2}+D_{1\text{-}2}=0+5=5$

工作 1－3：$EF_{1\text{-}3}=ES_{1\text{-}3}+D_{1\text{-}3}=0+2=2$

工作 1－4：$EF_{1\text{-}4}=ES_{1\text{-}4}+D_{1\text{-}4}=0+4=4$

(3) 其他工作的最早开始时间应等于其紧前工作最早完成时间的最大值，即：

$$ES_{i\text{-}j}=\max\{EF_{h\text{-}i}\}=\max\{ES_{h\text{-}i}+D_{h\text{-}i}\} \qquad \text{(公式 4.7)}$$

式中 ES_{i-j}——工作 $i-j$ 的最早开始时间；EF_{h-i}——工作 $i-j$ 的紧前工作 $h-i$(非虚工作)的最早完成时间；ES_{h-i}——工作 $i-j$ 的紧前工作 $h-i$(非虚工作)的最早开始时间；D_{h-i}——工作 $i-j$ 的紧前工作 $h-i$(非虚工作)的持续时间。

在本例中，工作 2－5 和工作 3－6 的最早开始时间分别为：

$$ES_{2\text{-}5}=EF_{1\text{-}2}=5$$

$$ES_{3\text{-}6}=\max\{EF_{1\text{-}2},\ EF_{1\text{-}3}\}=\max\{5,\ 2\}=5$$

(4) 网络计划的计算工期应等于以网络计划终点节点为完成节点的工作的最早完成时间的最大值，即：

$$T_c = \max\{EF_{i\text{-}n}\} = \max\{ES_{i\text{-}n} + D_{i\text{-}n}\} \qquad \text{(公式 4.8)}$$

式中 T_c——网络计划的计算工期；EF_{i-n}——以网络计划终点节点 n 为完成节点的工作的最早完成时间；ES_{i-n}——以网络计划终点节点 n 为完成节点的工作的最早开始时间；D_{i-n}——以网络计划终点节点 n 为完成节点的工作的持续时间。

在本例中，网络计划的计算工期为：

$$T_c = \max\{EF_{4\text{-}7},\ EF_{5\text{-}7},\ EF_{6\text{-}7}\} = \max\{12,\ 15,\ 16\} = 16$$

2）确定网络计划的计划工期

网络计划的计划工期应按式 4.8 确定。在本例中，假设未规定要求工期，则计划工期就等于计算工期，即：

$$T_p = T_c = 16$$

计划工期标注在网络计划终点节点的右上方，如图 4.15 所示。

3）计算工作的最迟完成时间和最迟开始时间

工作最迟完成时间和最迟开始时间的计算应从网络计划的终点节点开始，逆着线方向依次进行。其计算步骤如下。

（1）以网络计划终点节点为完成节点的工作，其最迟完成时间等于网络计划的计划工期，即：

$$LF_{i\text{-}n} = T_p \qquad \text{(公式 4.9)}$$

式中 LF_{i-n}——以网络计划终点节点 n 为完成节点的工作的最迟完成时间；T_p——网络计划的计划工期。

在本例中，工作 4－7、工作 5－7 和工作 6－7 的最迟完成时间为：

$$LF_{4\text{-}7} = LF_{4\text{-}7} = LF_{4\text{-}7} = T_p = 16$$

（2）工作的最迟开始时间可利用式(4.10)进行计算：

$$LS_{i\text{-}j} = LF_{i\text{-}j} - D_{i\text{-}j} \qquad \text{(公式 4.10)}$$

式中 LS_{i-j}——工作 $i-j$ 的最迟开始时间；LF_{i-j}——工作 $i-j$ 的最迟完成时间；D_{i-j}——工作 $i-j$ 的持续时间。

在本例中，工作 4－7、工作 5－7 和工作 6－7 的最迟开始时间分别为：

$$LS_{4\text{-}7} = LF_{4\text{-}7} - D_{4\text{-}7} = 16 - 7 = 9$$

$$LS_{5\text{-}7} = LF_{5\text{-}7} - D_{5\text{-}7} = 16 - 4 = 12$$

$$LS_{6\text{-}7} = LF_{6\text{-}7} - D_{6\text{-}7} = 16 - 5 = 11$$

（3）其他工作的最迟完成时间应等于其紧后工作最迟开始时间的最小值，即：

$$LF_{i\text{-}j} = \min\{LS_{j=k}\} = \min\{LF_{j\text{-}k} - D_{j\text{-}k}\} \qquad \text{(公式 4.11)}$$

式中 LF_{i-j}——工作 $i-j$ 的最迟完成时间；$LS_{j=k}$——工作 $i-j$ 的紧后工作 $j-k$（非虚工作）的最迟开始时间；LF_{j-k}——工作 $i-j$ 的紧后工作 $j-k$（非虚工作）的最迟完成时间；D_{j-k}——工作 $i-j$ 的紧后工作 $j-k$（非虚工作）的持续时间。

在本例中，工作 2 - 5 和工作 3 - 6 的最迟完成时间分别为：

$$LF_{2\text{-}5} = \min\{LS_{5\text{-}7}, L_{6\text{-}7}\} = \min\{12, 11\} = 11$$

$$LF_{3\text{-}6} = LS_{6\text{-}7} = 11$$

4）计算工作的总时差

工作的总时差等于该工作最迟完成时间与最早完成时间之差，或该工作最迟开始时间与最早开始时间之差，即：

$$TF_{i\text{-}j} = LF_{i\text{-}j} - EF_{i\text{-}j} = LS_{i\text{-}j} - ES_{i\text{-}j} \qquad \text{（公式 4.12）}$$

式中 TF_{i-j}——工作 $i-j$ 的总时差；其余符号同前。

在本例中，工作 1 - 4 的总时差为：

$$TF_{1\text{-}4} = LF_{1\text{-}4} - EF_{1\text{-}4} = 9 - 4 = 5$$

或

$$TF_{1\text{-}4} = LS_{1\text{-}4} - ES_{1\text{-}4} = 5 - 0 = 5$$

5）计算工作的自由时差

工作自由时差的计算应按以下两种情况分别考虑。

（1）对于有紧后工作的工作，其自由时差等于本工作之紧后工作最早开始时间减本工作最早完成时间所得之差的最小值，即：

$$FF_{i\text{-}j} = \min\{ES_{j\text{-}k} - EF_{i\text{-}j}\} = \min\{ES_{j\text{-}k} - ES_{i\text{-}j} - D_{i\text{-}j}\} \qquad \text{（公式 4.13）}$$

式中 FF_{i-j}——工作 $i-j$ 的自由时差；ES_{j-k}——工作 $i-j$ 的紧后工作 $j-k$（非虚工作）的最早开始时间；EF_{i-j}——工作 $i-j$ 的最早完成时间；ES_{i-j}——工作 $i-j$ 的最早开始时间；D_{i-j}——工作$i-j$的持续时间。

在本例中，工作 1 - 4 和工作 2 - 5 的自由时差分别为：

$$FF_{1\text{-}4} = ES_{4\text{-}7} - EF_{1\text{-}4} = 5 - 4 = 1$$

$$FF_{2\text{-}5} = \min\{ES_{5\text{-}7} - EF_{2\text{-}5}, ES_{6\text{-}7} - EF_{2\text{-}5}\} = \min\{11 - 11, 11 - 11\} = 0$$

（2）对于无紧后工作的工作，也就是以网络计划终点节点为完成节点的工作，其自由时差等于计划工期与本工作最早完成时间之差，即：

$$FF_{i\text{-}n} = T_p - EF_{i\text{-}n} = T_p - ES_{i\text{-}n} - D_{i\text{-}n} \qquad \text{（公式 4.14）}$$

式中 FF_{i-n}——网络计划终点节点 n 为完成节点的工作 $i-n$ 的自由时差；T_p——网络计划的计划工期；EF_{i-n}——以网络计划终点节点 n 为完成节点的工作 $i-n$ 的最早完成时间；ES_{i-n}——以网络计划终点节点 n 为完成节点的工作 $i-n$ 的最早开始时间；D_{i-n}——以网络计划终点节点 n 为完成节点的工作 $i-n$ 的持续时间。

在本例中，工作 4 - 7、工作 5 - 7 和工作 6 - 7 的自由时差分别为：

$$FF_{4\text{-}7} = T_p - EF_{4\text{-}7} = 16 - 12 = 4$$

$$FF_{5\text{-}7} = T_p - EF_{5\text{-}7} = 16 - 15 = 1$$

$$FF_{6\text{-}7} = T_p - EF_{6\text{-}7} = 16 - 16 = 0$$

需要指出的是，对于网络计划中以终点节点为完成节点的工作，其自由时差与总时差相等。此外，由于工作的自由时差是其总时差的构成部分，因此，当工作的总时差为零时，其自由时差必然为零，可不必进行专门计算。例如在本例中，工作 1－2、工作 2－5 和工作 6－7 的总时差全部为零，故其自由时差也全部为零。

4. 单代号网络计划时间参数的计算

单代号网络计划与双代号网络计划所表达的内容完全一样，只是表现形式不同而已。图 4.14 所示双代号网络计划转化的单代号网络计划如图 4.16 所示。

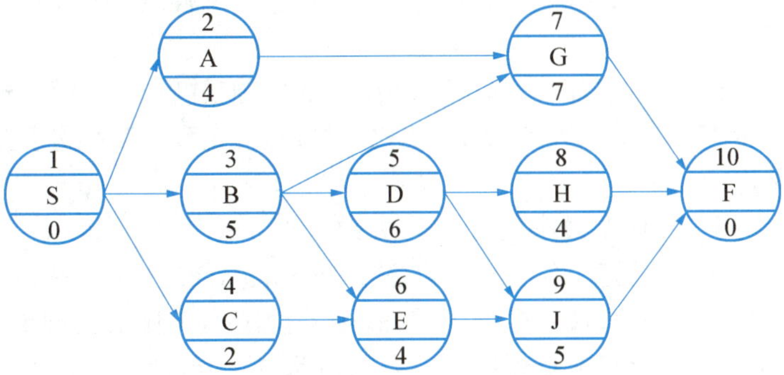

图 4.16　双代号网络计划转化的单代号网络计划

4.3.3　双代号时标网络计划

双代号时标网络计划，简称时标网络计划，是一种基于时间坐标尺度来展现工作进度安排的网络计划形式。它采用最早开始时间作为编制基准。在此计划中，实箭线代表实际的工作，其水平投影长度直观地展现了工作的持续时间；而虚箭线则用于表示虚工作，由于虚工作并无实际时长，因此虚箭线通常垂直绘制。波形线则特别用于标明工作与其后续工作之间的时间间隔(但终点节点为完成节点的工作除外，当计划工期与计算工期相等时，这些工作箭线中的波形线水平投影长度直接反映其自由时差)。

时标网络计划不仅继承了网络计划的优点，还融合了横道计划图直观易懂的特点。由于它能够直观表达网络计划的时间参数，使得时间参数的判定变得直接且便捷。如图 4.17 所示，这是基于图 4.14 绘制的一个双代号时标网络计划实例。图中采用了工作日坐标体系，工作开始时间对应时间单位的起始时刻，而工作完成时间则对应时间单位的终止时刻，这种设计使得该计划更加贴近工程实际。

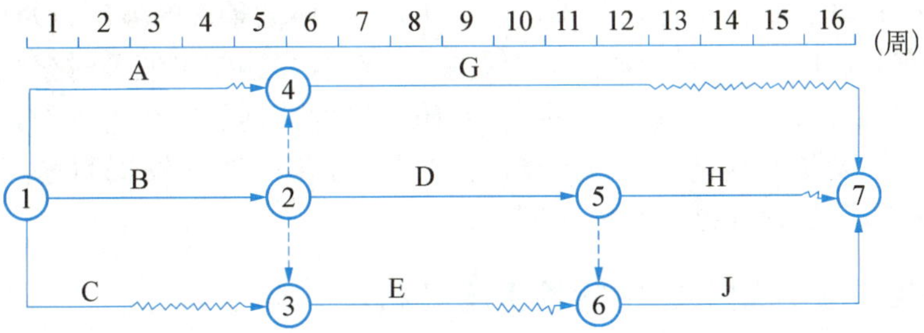

图 4.17　双代号时标网络计划

4.3.4 关键工作及关键线路确定方法

网络图中从起点节点开始，沿箭头方向顺序通过一系列箭线与节点，最后到达终点节点的通路称为线路。线路既可依次用该线路上的节点编号来表示，也可依次用该线路上的工作名称来表示。

在关键线路法(critical path method，简称 CPM)中，线路上所有工作的持续时间总和称为该线路的总持续时间。总持续时间最长的线路称为关键线路，关键线路的长度就是网络计划的总工期。工程网络计划中的关键线路可能不止一条。在工程网络计划实施过程中，关键线路还会发生转移。

关键线路上的工作称为关键工作。在工程网络计划实施过程中，关键工作的实际进度提前或拖后，均会对总工期产生影响。因此，关键工作的实际进度是建设工程进度控制的工作重点。

1. 利用总时差进行判定

在工程网络计划中，总时差最小的工作为关键工作。特别地，当计划工期等于计算工期时，总时差为零的工作就是关键工作。例如在图 4.15 和图 4.16 所示双代号网络计划中，工作 1－2、工作 2－5 和工作 6－7 的总时差均为零，故为关键工作。找出关键工作之后，将这些关键工作首尾相连，便构成从起点节点到终点节点的通路，位于该通路上各项工作的持续时间总和最大，这条通路就是关键线路。在关键线路上可能有虚工作存在。

关键线路一般用粗箭线或双线箭线标出，也可用彩色箭线标出。例如图 4.15 和图 4.16 所示双代号网络计划中，线路①→②→⑤→⑥→⑦即为关键线路。关键线路上各项工作持续时间总和应等于网络计划的计算工期，这一特点也是判别关键线路是否正确的准则。

2. 基于时标网络计划进行判定

时标网络计划中的关键线路可从网络计划的终点节点开始，逆着线方向进行判定。凡自始至终不出现波形线的线路即为关键线路。因为不出现波形线，就说明在这条线路上相邻两项工作之间的时间间隔全部为零，也就是在计算工期等于计划工期的前提下，这些工作的总时差和自由时差全部为零。例如在图 4.17 所示的双代号时标网络计划中，线路①→②→⑤→⑥→⑦即为关键线路，关键线路中的工作 B、工作 D 和工作 J 即为关键工作。

4.4 施工进度控制

明确设定施工进度目标，并据此制订精细而合理的进度计划，是确保施工进度控制得以顺利推进的关键基石。然而，在工程实际推进过程中，外部环境条件的波动以及内部组织管理水平，都可能引发实际进度与预设计划之间的偏差。若对这些偏差未能及时察觉并纠正，必将会对施工进度的总体目标构成不利影响。因此，在施工进度计划的执行过程中，必须采取切实有效的手段，对进度计划的实施情况进行严密监测，以便在第一时间发现问题，并运用经过验证的进度计划调整策略，迅速而准确地解决问题。

4.4.1 施工进度计划实施中的检查与分析

在施工进度计划实施过程中，应经常地、定期地对进度计划执行情况进行动态监测，并进行实际进度与计划进度的比较分析，以便发现问题，及时采取措施调整计划。施工进度监测和调整的系统过程如图 4.18 所示。

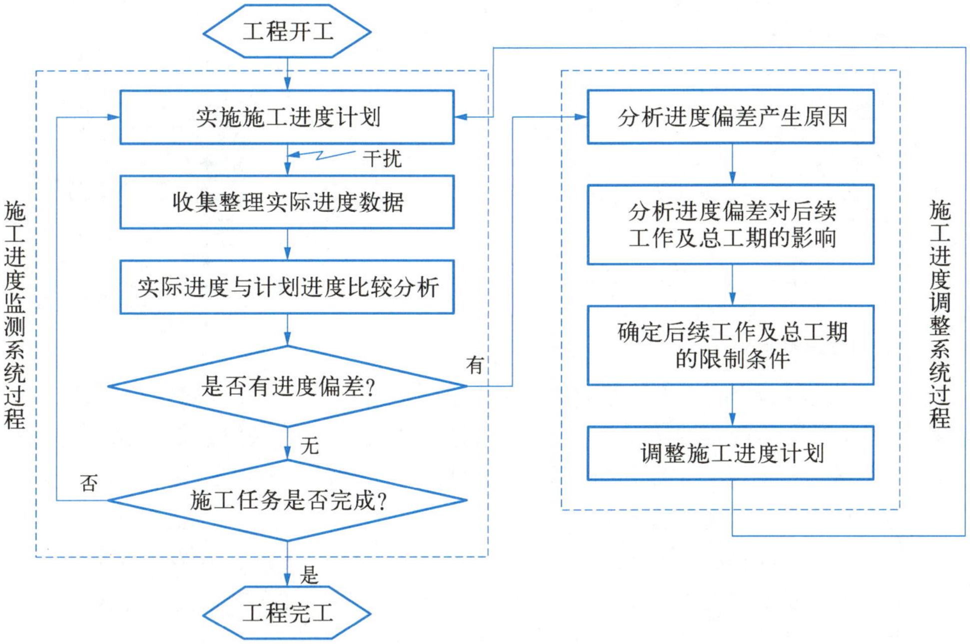

图 4.18　施工进度监测和调整的系统过程

1. 施工进度监测系统过程

1）收集整理实际进度数据

在施工过程中，为确保进度计划的顺利执行，需持续跟踪并检查进度计划的执行情况，从而收集反映工程实际进度的关键数据。这些数据不仅是分析施工进度和作出必要调整的直接依据，更是确保项目按时完成的重要参考。

为了有效地收集实际进度数据，施工进度管理人员可以借助施工进度报表和现场实地检查等多种方式。同时，施工进度协调会议也是获取实时进度数据的重要渠道。收集到的实际进度数据需要经过精心处理，以形成与计划进度相对比的可比性数据，从而确保施工进度的准确性和可控性。

2）实际进度与计划进度比较分析

通过详尽地比较工程实际进度数据与既定的计划进度数据，能够精确地把握实际施工进展状况与计划目标之间的偏差。在此过程中，推荐运用图 4.19 所述的方法，进行直观且深入的比较分析，进而准确判断实际进度是超前、滞后还是与计划进度保持一致。这样的比较不仅为施工进度计划的调整提供了有力依据，也确保了项目管理的精准性和有效性。

2. 施工进度调整系统过程

在施工过程中，对进度进行严密监测至关重要。一旦观察到实际进度与计划进度之间存在偏差，即进度出现偏离时，首要任务是深入分析偏差产生的原因，并评估其对后续工作和整个项目总工期可能带来的具体影响。基于这些分析结果，判断是否需要调整进度计划，以采取必要的措施确保施工进度目标能够如期实现。

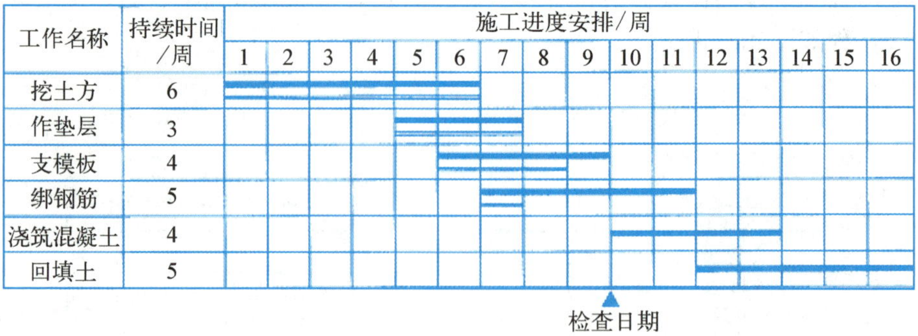

图 4.19　某基础工程计划施工进度及截至第 9 周末实际进度

1）分析进度偏差产生原因

在比较实际进度与计划进度的差异时，若察觉到进度偏差，首要步骤便是深入分析这一偏差的成因，为后续纠偏措施提供有力依据。导致施工进度偏差的缘由错综复杂，但总体可归结为两大类：一类源自施工单位内部的管理问题，而另一类则涉及外部因素，诸如建设单位延迟交付施工场地、施工图纸的延误，以及不可抗力因素等。

若施工进度滞后系由施工单位自身问题所致，从而引发的工期延误及相关损失，均应由施工单位承担。为此，施工单位必须采取切实有效的赶工措施，加速推进施工进程。同时，建设单位也有权根据合同约定，对施工单位进行逾期违约罚款。

然而，若施工进度延误归咎于建设单位或不可抗力因素，施工单位则有权提出合同工期的延长申请。一旦确认非施工单位原因导致的工期延长，项目监理机构不仅应批准工程延期，施工单位还有权提出费用索赔，以弥补因建设单位原因造成的经济损失。

综上所述，深入剖析施工进度偏差的成因，对于建设单位和施工单位而言，均具有重要的现实意义和深远影响。

2）分析进度偏差对后续工作及总工期的影响

基于施工进度网络计划，可以利用自有时差和总时差来深入剖析某项工作实际进度偏差对后续工作及整体工期的潜在影响，从而判断是否需要调整进度计划。

（1）当工作实际进度拖后的时间（偏差）未超出其自由时差时，这种进度偏差既不会干扰到该工作后续的正常进行，也不会对整体工期产生任何影响。

（2）若工作实际进度拖后的时间（偏差）超过了其自由时差，但尚未触及总时差，此时进度偏差将对该工作后续的正常进行产生一定影响，但整体工期仍能维持不变。

（3）而当工作实际进度拖后的时间（偏差）超过其总时差时，这种进度偏差将同时对该工作后续的正常进行以及整体工期造成显著的负面影响。

3）确定后续工作及总工期的限制条件

当实际进度偏差对后续工作及总工期产生显著影响时，在着手调整施工进度计划之前，务必先明确施工进度可调整的边界范围，具体涵盖关键节点的弹性空间、后续工作的制约因素以及总工期可允许的变动区间。这些界定边界的条件，常常与施工合同的详细条款紧密关联，因此需要深入且细致地分析，以确保调整策略的合理性和合规性。

4）调整施工进度计划

在遵循后续工作要求和总工期的严格限制下，应审慎选择并调整施工进度计划的方法，以使其更为贴合实际情况。接着，按照调整后的施工进度计划有条不紊地推进工作，确保施工进度目标能够如期达成。

4.4.2　实际进度与计划进度比较方法

实际进度与计划进度的对比是施工进度控制中的核心环节。为了实现这一对比，通常采用多种方法，包括横道图比较法、S 曲线比较法及前锋线比较法等。这些方法能够直观地展现实际进度与计划进度的差异，为施工进度控制提供有力支持。

1. 横道图比较法

横道图比较法，作为一种基于横道计划的进度对比技术，因其横道计划应用的广泛性而广受青睐，成为实际进度与计划进度对比的首选方法。在施工过程中，通过收集并整理实际进度数据，将这些数据以横道线的形式平行绘制于原计划的横道线下方，即可一目了然地展现各项工作的实际进度、计划进度及它们之间的偏差情况。这种方法不仅直观形象，而且易于理解和应用。

【例 4.1】 某基础工程计划的施工进度与实际截至第 9 周末的进度对比如图 4.19 所示。图中，粗直线清晰标绘了各项工作的预期计划进度，而双线条则鲜明地展示了相应工作的实际进展状况。

从图 4.19 中对比实际与计划的进度可以看出：截至第 9 周末，挖土方和做垫层两项关键工作已顺利完成；然而，支模板工作的实际进度相较于计划进度稍显滞后，达到了 25%的延迟；此外，绑钢筋工作按原计划应完成 60%的工程量，但现实情况仅完成了 20%。

2. S 曲线比较法

从整个工程的实际进展和全过程观察，单位时间内投入的资源量通常在项目开始和结束时相对较少，而在中间阶段则相对较多。相应地，单位时间内完成的任务量也遵循同样的变化规律。因此，随着工程的推进，累计完成的任务量曲线形状会呈现出类似英文字母 S 的形态，S 曲线便因此得名。

S 曲线比较法是一种直观的比较方法，其中横坐标代表时间，纵坐标则代表累计完成的工程任务量。通过这种方法，可以将实际进度与计划进度在同一坐标系中进行对比，从而清晰地展示出整个工程在不同时间点上的计划累计任务量、实际累计完成的任务量及其偏差情况。图 4.20 便展示了某一工程的 S 曲线比较图。

利用 S 曲线法进行实际进度与计划进度的对比，可以获取以下关键信息：

(1) 工程实际进展状态：当工程实际进展点位于计划 S 曲线的左侧(如图 4.20 中的 a 点)，这表示当前实际进度快于计划；若位于右侧(如图 4.20 中的 b 点)，则表明实际进度滞后；若实际进展点恰好落在计划 S 曲线上，说明此时实际进度与计划进度相吻合。

(2) 进度超前或拖后的时间：通过 S 曲线对比图，可以直接观察到实际进度相对于计划的超前或拖后时间。例如，在图 4.20 中，AT 代表工程在 T 时刻实际进度超前的时间，而 ΔT 则表示工程在 T 时刻实际进度拖后的时间。

(3) 超额完成或拖欠的任务量：同样的，S 曲线对比图也提供了实际超额完成或拖欠的任务量的直观信息。如图 4.20 所示，Q_a表示工程在 T_a时刻超额完成的任务量，而 ΔQ 则反映了工程在 T_b时刻实际拖欠的任务量。

(4) 后期工程进度预测：若后期工程继续按原计划速度进行，可以根据预测绘制出后期的计划 S 曲线(如图 4.20 中的虚线所示)，从而据此预计可能存在的工期拖延情况。

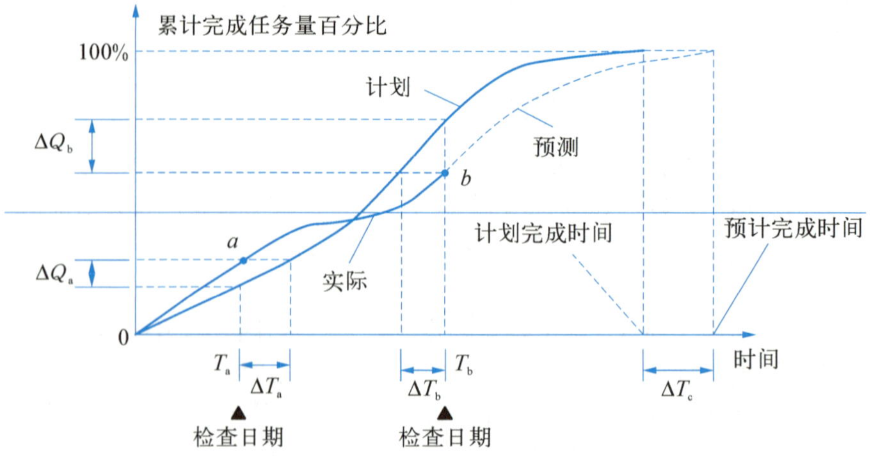

图 4.20　某工程 S 曲线比较图

4.4.3　施工进度计划调整方法及措施

当工程实际进度出现偏差，对后续工作及总工期造成潜在影响时，调整施工进度计划变得尤为关键。主要的调整策略包括两种：首先，可以通过压缩特定工作的持续时间，从而有效地缩短整个工期；其次，通过合理调整某些工作之间的逻辑关系，同样可以达到缩短工期的目的。在实际操作中，应根据项目的具体情况和需求，灵活选择并综合应用上述方法，以确保施工进度计划的合理性和有效性。

1. 压缩某些工作的持续时间

这种调整方法的核心特点在于不改变施工进度计划中各项工作的逻辑关系，而是通过一系列手段，如增加资源投入、提升劳动生产效率等，来有效缩短特定工作的持续时间，从而加速整体施工进度，缩短工期。这些受到调整的工作主要集中在关键线路及超出计划工期的非关键线路上，且其持续时间具有压缩的可行性。对于此类施工进度计划的调整，通常可以直接运用工程网络计划优化方法进行操作。

为达到压缩特定工作持续时间的目的，通常需采取以下措施。

(1) 组织措施：通过增加工作面、扩大施工队伍规模、延长每日施工时间(如加班或多班制施工)、增加劳动力和施工机械数量等方式，提高组织效率。

(2) 技术措施：改进施工工艺和施工技术，缩短技术间歇时间；引入更先进的施工方法(例如，将现浇混凝土方案转变为预制装配方案)，减少施工流程；采用更为先进的施工机械，提高施工效率。

(3) 经济措施：实施包干奖励制度，提高奖金额度，对采取的技术措施给予相应的经济补偿，以经济激励驱动效率提升。

(4) 其他配套措施：优化外部配合条件，改善施工作业环境，实施强有力的组织调度等，为施工提供全方位的支持和保障。

2. 改变某些工作间的逻辑关系

这种调整方法独具匠心，其核心在于不改变施工进度计划中工作的持续时间，而是巧妙地调整某些工作的开始和完成时间，以此实现施工进度的加快和工期的缩短。当施工进度计划中，那些影响后续工作（特别是当后续工作的拖延受到严格限制时）及总工期的工作之间的逻辑关系具备调整条件时，可以通过调整这些逻辑关系，将原本顺序进行的工作转变为平行作业、搭接作业或分段组织流水作业等方式，这些策略都能有效地缩短工期。

当然，必须认识到，无论选择平行作业、搭接作业还是分段组织流水作业，都意味着在单位时间内对资源的需求将会有所增加。

4.5　BIM5D 在进度管理中的应用

4.5.1　进度模拟与可视化

在项目管理领域，BIM5D 凭借其卓越的进度模拟与可视化功能，为项目团队提供了一套直观且高效的管理工具。通过 BIM5D 平台，项目管理者能够构建详尽的三维模型，将施工进度计划与施工现场的实际情况紧密结合，实现施工进度的动态模拟与可视化呈现，如图 4.21 所示。这一方法不仅极大地增强了项目进度的透明度，同时也使项目团队能够更精确地预测和评估项目进展情况，从而做出更为科学合理的决策。

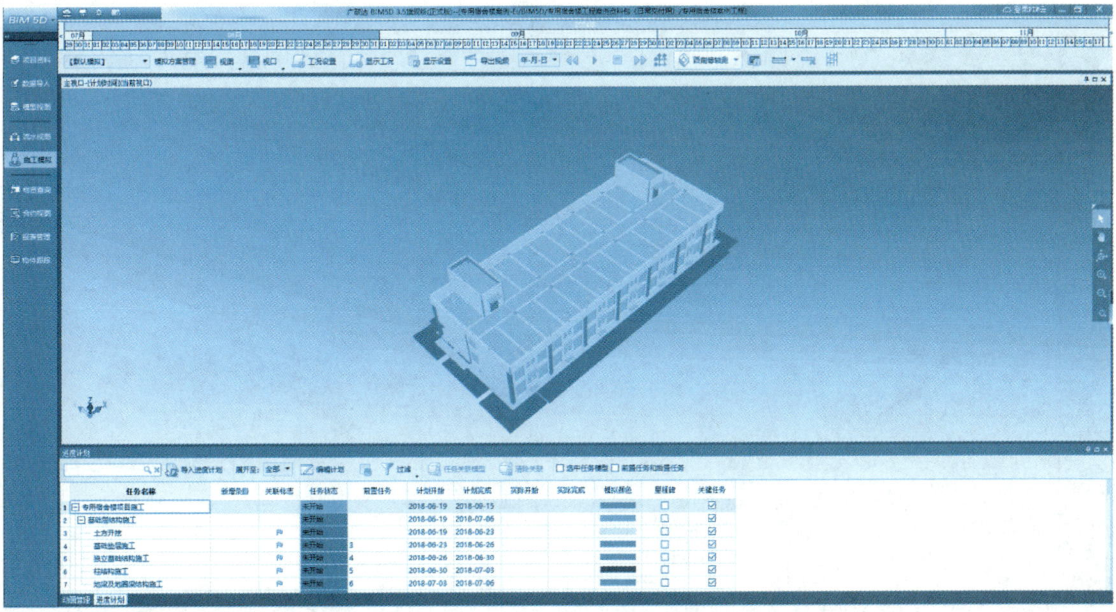

图 4.21　进度模拟与可视化展示

以某专用宿舍楼项目为例，项目团队充分利用 BIM5D 的进度模拟与可视化功能，对项目进行了详尽的模拟与展示。在项目初期，团队通过 BIM5D 构建了精确的三维模型，并根据施工进度计划，对各个施工阶段的模型进行了精细的拆分与组合，形成了完整的进度模拟方案。在施工过程中，团队实时更新 BIM 模型，将实际施工进度与模拟进度进行对比，及时发现进度偏差，并采取相应措施进行调整。这一方法使项目团队能够成功地将进度偏差控制在合理范围内,确保了项目的按时交付。

在进度模拟与可视化的过程中,BIM5D平台还提供了丰富的数据分析工具。项目团队可以利用这些工具对施工进度进行深入剖析,找出影响进度的关键因素,并据此制订相应的解决方案。以专用宿舍楼项目为例,当项目团队发现某个施工阶段的进度滞后时,他们通过BIM5D平台的数据分析工具,迅速识别出该阶段存在材料供应不足的问题。针对这一问题,团队及时调整了材料采购计划,并加强了与供应商的沟通协作,最终成功解决了进度滞后的问题。

4.5.2 进度实时监控与动态调整

在项目管理中,进度实时监控与动态调整是确保项目按时交付的关键环节。BIM5D凭借其强大的数据集成和可视化能力,为项目进度管理提供了强有力的支持。通过BIM5D平台,项目团队可以实时获取项目进度数据,包括各分项工程的完成情况、资源使用情况等,从而实现对项目进度的实时监控。

以某专用宿舍楼项目为例,项目团队利用BIM5D平台建立了详细的进度计划,并通过平台实时跟踪进度执行情况。在项目实施过程中,BIM5D平台通过数据集成和可视化技术,将实际进度与计划进度进行对比分析,自动生成进度偏差报告,如图4.22所示。项目团队根据这些报告,及时识别进度滞后的问题,并采取相应的调整措施。

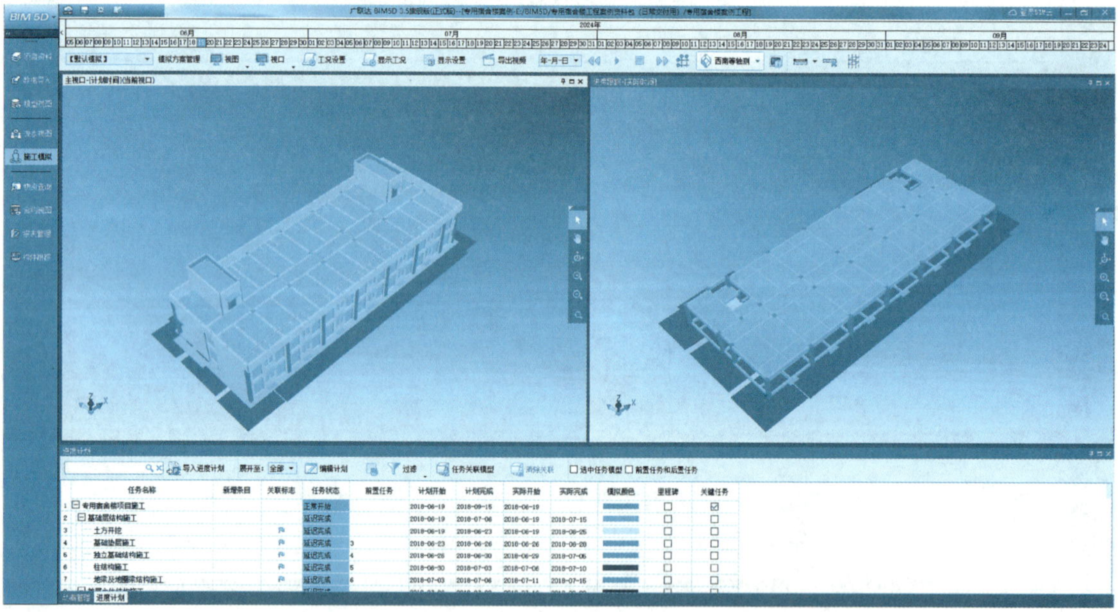

图4.22 进度跟踪与对比分析

在进度动态调整方面,BIM5D平台提供了灵活的调整工具和方法。项目团队可以根据实际情况,对进度计划进行微调或重新规划。通过BIM5D平台,项目团队可以模拟不同调整方案对项目整体进度的影响,从而选择最优的调整方案。这种基于数据的决策方式,大大提高了进度调整的准确性和效率。

此外,BIM5D平台还支持与其他项目管理软件的集成,如Microsoft Project等。通过集成，项目团队可以更方便地获取项目进度数据，实现与其他项目管理流程的协同工作。这种集成化的管理方式，进一步提高了项目进度管理的效率和准确性。

4.5.3　进度预警与风险管理

在 BIM5D 的进度管理中，进度预警与风险管理是确保项目按计划顺利进行的关键环节。通过 BIM5D 的实时数据监控和模拟分析功能，项目团队能够及时发现潜在的进度风险，并采取相应的预警和应对措施。

在实际应用中，BIM5D 通过集成项目进度数据和资源信息，构建了一个全面的进度监控平台。当项目进度出现偏差或潜在风险时，BIM5D 能够自动触发预警机制，通过可视化界面向项目团队展示预警信息，包括预警级别、风险类型、影响范围等。这种预警方式不仅提高了项目团队对进度风险的感知能力，还使得风险应对更加及时和精准。

以某专用宿舍楼项目为例，项目团队在 BIM5D 平台上设定了严格的进度监控指标和预警阈值。在项目实施过程中，BIM5D 实时监控项目进度数据，并与预设的阈值进行比较。当发现某道工序的进度滞后于计划时，BIM5D 立即触发了黄色预警，并通过系统通知和邮件提醒的方式向项目团队发送了预警信息。项目团队根据预警信息，迅速分析了滞后的原因，并制订了相应的赶工措施。最终，在 BIM5D 的协助下，项目团队成功地将进度风险控制在可控范围内，确保了项目的顺利推进。

除了实时预警外，BIM5D 还提供了基于历史数据和模拟分析的进度风险评估功能。通过收集和分析历史项目的进度数据，BIM5D 能够建立一个进度风险评估模型，对项目未来的进度风险进行预测和评估。这种风险评估功能不仅能够帮助项目团队提前识别潜在的进度风险，还能够为制订风险应对策略提供科学依据。

总之，BIM5D 在进度预警与风险管理方面的应用，为项目团队提供了一个全面、高效、精准的进度监控和风险评估平台。通过实时预警和风险评估功能，项目团队能够及时发现和应对潜在的进度风险，确保项目按计划顺利进行。

4.5.4　基于 BIM5D 的进度分析与优化

在进度分析方面，BIM5D 能够实时模拟和可视化项目的进度情况，通过三维模型展示施工进度，使项目管理者能够直观地了解项目的实际进展。同时，BIM5D 还能够将进度数据与项目计划进行对比分析，自动计算进度偏差，并生成详细的进度报告。这些报告不仅包含了进度偏差的数值，还通过图表、图像等多种形式展示了进度偏差的原因和趋势，为项目管理者提供了全面的进度信息。

在进度优化方面，BIM5D 通过集成项目数据，为项目管理者提供了多种优化工具和方法。例如，BIM5D 可以根据项目进度偏差情况，自动调整项目计划，重新分配资源和任务，确保项目能够按照新的计划顺利进行。此外，BIM5D 还支持基于历史数据的进度预测和模拟，帮助项目管理者预测未来可能出现的进度问题，并提前制定应对措施。

以某专用宿舍楼项目为例，该项目在实施过程中遇到了进度滞后的问题。项目管理者利用 BIM5D 进行了进度分析，发现主要原因是施工过程中的材料供应不足和劳动力分配不均。针对这些问题，项目管理者利用 BIM5D 的进度优化功能，重新调整了材料供应计划和劳动力分配方案，并加强了与供应商和施工队的沟通协调。经过优化后，项目的进度得到了显著提升,最终按时交付并获得了业主的高度评价。

综上所述,基于BIM5D的进度分析与优化是项目管理中不可或缺的一环。通过实时模拟和可视化项目进度、对比分析进度数据、自动调整项目计划以及预测未来进度问题等多种手段,BIM5D为项目管理者提供了全面的进度信息和有效的优化工具,帮助项目管理者更好地掌控项目进度、提高管理效率。

【科普知识】

网络计划技术的发展之旅

1. 网络计划技术的诞生与早期发展

1) 工业发展催生新的管理需求

在20世纪中叶,随着工业生产规模的迅速扩大和工程项目复杂度的不断提高,传统的项目管理方法逐渐显得力不从心。大型工程项目如建筑、桥梁、大型制造业等的实施,涉及众多任务和环节,这些任务之间存在着复杂的逻辑关系和时间顺序要求。例如,在建筑工程中,基础施工、主体结构建设、装修等环节必须按照一定的顺序进行,而且各个环节的时间安排相互影响,任何一个环节的延误都可能导致整个项目工期的延长和成本的增加。

2) 关键路径法(CPM)的出现

1956年,美国杜邦公司在化学工厂的建设和维护项目中,首次提出了关键路径法(critical path method, CPM)。CPM的核心是通过分析项目中各项任务之间的逻辑关系,确定出项目的关键路径,即那些对项目总工期影响最大的任务序列。它通过计算每个任务的最早开始时间(earliest start time, ES)、最早完成时间(earliest finish time, EF)、最迟开始时间(latest start time, LS)和最迟完成时间(latest finish time, LF),以及任务的总时差(total float, TF)和自由时差(free float, FF),来实现对项目进度的精确控制。

例如,在一个工厂建设项目中,设备安装任务必须在厂房建设完成后才能开始,而设备调试又必须在设备安装完成后进行。通过CPM分析,可以明确这些任务之间的先后顺序和时间关系,确定出关键路径。如果关键路径上的厂房建设任务延误,那么整个项目的工期就会受到影响,项目管理人员就可以提前采取措施,如增加施工人员或延长工作时间,来确保关键路径上的任务按时完成。

3) 计划评审技术(PERT)的诞生

几乎在同一时期,美国海军特种计划局在研制北极星导弹核潜艇时,开发了计划评审技术(program evaluation and review technique, PERT)。PERT主要用于对不确定性较大的项目进行进度计划和控制。与CPM不同的是,PERT考虑了任务时间的不确定性,采用了概率分布来描述任务的持续时间。它通过对任务时间的乐观估计、悲观估计和最可能估计,计算出任务的期望时间和方差,从而更准确地评估项目进度的风险。

例如,在导弹研发项目中,由于技术的复杂性和不确定性,任务的完成时间很难准确预测。PERT通过对任务时间的概率分析,帮助项目管理人员了解项目进度的可能范围和风险程度。如果某个关键任务的完成时间有较大的不确定性,项目管理人员可以提前准备应急预案,如增加备用技术方案或资源储备,以降低项目风险。

2. 网络计划技术传入中国

1）早期引入与初步探索

20 世纪 60 年代，网络计划技术开始传入中国。当时，中国正处于大规模的经济建设时期，工程项目的数量和规模不断增加，对先进的项目管理方法有着迫切的需求。一些科研机构和高校率先开始对网络计划技术进行研究和引进，翻译了相关的国外文献和资料，为网络计划技术在中国的传播奠定了基础。

例如，中国科学院等科研机构组织了专门的研究团队，对 CPM 和 PERT 进行了深入的研究和分析。同时，一些高校在工程管理等相关专业的教学中，开始介绍网络计划技术的基本原理和方法，培养了一批早期的专业人才。

2）在工程建设中的应用与推广

20 世纪 70 年代至 80 年代，随着中国改革开放政策的实施，工程建设领域迎来了快速发展的机遇，网络计划技术也逐渐在工程建设中得到应用和推广。在一些大型工程项目中，如宝钢建设、三峡工程等，网络计划技术被用于项目的进度计划编制和控制，取得了显著的成效。

以宝钢建设为例，在工程建设过程中，采用了网络计划技术对各项施工任务进行了详细的规划和安排。通过合理确定关键路径和优化资源配置，有效地缩短了建设工期，提高了工程质量。同时，三峡工程在建设过程中也充分应用了网络计划技术，对大坝建设、电站安装等复杂任务进行了科学管理，确保了工程的顺利进行。

3）政府支持与行业标准制定

为了进一步推广网络计划技术，中国政府出台了一系列政策和措施，给予了大力支持。相关部门组织制定了网络计划技术的行业标准和规范，促进了网络计划技术在不同行业的应用和普及。同时，开展了大量的培训和宣传工作，提高了广大工程技术人员和管理人员对网络计划技术的认识和应用水平。

例如，国家建设部等部门制定了相关的工程建设项目管理规范，明确要求在工程项目中应用网络计划技术进行进度管理。各地也纷纷举办网络计划技术培训班，培养了大量的专业人才。一些行业协会还组织了网络计划技术应用案例评选等活动，推动了网络计划技术的经验交流和推广应用。

网络计划技术从诞生到传入中国，并在中国不断发展和创新，经历了一个漫长而精彩的过程。它已经成为中国工程项目管理的重要工具，为中国的现代化建设提供了有力的支持。随着科技的不断进步和项目管理需求的不断变化，网络计划技术也将继续发展和完善，为中国的项目管理事业带来更多的创新和价值。

【思考与练习】

模块 5

建设工程项目成本管理

案例引入

在这个特定的专用宿舍楼工程项目中，项目的商务经理根据成本目标组织并编制了一份详尽的成本计划。这份成本计划的制订，旨在确保项目的财务健康和成本效益最大化。为了实现这一目标，项目团队决定采用先进的BIM5D平台作为技术支持，这一决策极大地提升了项目的成本管理能力。

通过BIM5D平台的强大功能，项目团队能够进行精确的成本控制、成本核算、成本分析及成本考核。这些功能使得团队能够实时监控成本支出，确保每一项成本都在预算之内，并且能够及时调整策略以应对可能出现的任何偏差。这种精细化的管理方式，极大地提高了项目的成本效率，减少了浪费。

在成本管理的过程中，项目团队采取了一系列综合措施，这些措施包括组织措施、技术措施、经济措施和合同措施。组织措施确保了项目团队的高效协作和沟通，通过明确的职责分工和定期的沟通会议，团队成员之间的协作变得更加顺畅，信息传递更加迅速准确。技术措施则涉及采用最新的技术和方法来优化成本和提高效率，比如通过BIM5D平台进行的三维建模和模拟，使得设计和施工过程中的问题能够提前发现并解决，从而避免了成本的增加。

经济措施关注于成本的合理分配和资金的合理使用，通过严格的预算管理和成本控制，项目团队确保了资金的高效利用，避免了资金的浪费和不必要的支出。而合同措施则通过明确的合同条款来规范各方的责任和义务，确保成本控制在预定的范围内，同时为可能出现的争议提供了明确的解决依据。

通过这些措施的实施，项目团队不仅能够及时发现和纠正成本偏差，还能够持续优化成本结构，最终实现了项目的成本目标。这一成就的取得，不仅体现了项目团队的专业能力和管理水平，也为未来类似项目的成本控制提供了宝贵的经验和参考。通过这次项目的成功实践，项目团队证明了在现代工程项目管理中，采用先进的技术和方法，结合严格的组织和经济措施，是实现成本控制目标的有效途径。

通过以上案例内容，总结成本管理的内容、方法和措施。

课程目标

(1) 了解成本管理的内容。
(2) 了解成本计划的编制方法。
(3) 掌握成本控制和成本分析的方法。
(4) 了解 BIM5D 在成本管理中的应用。

5.1　成本管理概述

5.1.1　施工成本的概念

施工成本,即工程项目在施工过程中所累积的全部费用,涵盖主辅材料的费用、构配件的支出、周转材料的摊销或租赁费、施工机械的台班费或租赁费。此外,还包括支付给生产工人的工资、奖金,以及施工项目经理部(含工程项目经理部、分公司等)为组织和管理工程施工而产生的全部费用。值得注意的是,施工成本并不包含建筑企业在运营过程中产生的管理费用、营业费用和财务费用等期间费用。

直接成本,即施工过程中直接用于构成工程实体或促进其实体形成的各项费用,涵盖人工费、材料费及施工机具使用费等,这些费用可以直接计入工程对象。而间接成本,则是指为准备、组织和管理施工生产所必需的全部费用支出,它们并非直接用于工程对象,也无法直接计入其中,但它们是进行工程施工所不可或缺的,包括管理人员的工资、办公费用、差旅交通费等。

5.1.2　成本管理的任务

成本管理的任务涵盖以下五个方面:成本计划编制、成本控制、成本核算、成本分析及成本考核。

1. 成本计划编制

成本计划是书面方案,它以货币形式详细规划了施工项目在计划期内的生产费用、成本水平、成本降低率,以及为实现成本降低所采取的主要措施和规划。这份计划不仅是施工项目成本管理责任制的基础,也是开展成本控制和核算的依据。同时,它作为项目降低成本的指导文件,为设立目标成本提供了依据。项目成本计划通常由施工单位围绕施工组织设计或相关文件进行编制,确保对项目成本控制的适宜性和有效性。编制方法可根据成本组成(如直接费、间接费、其他费用等)、项目结构(如各单位工程或单项工程)和工程实施阶段(如基础、主体、安装、装修等或月、季、年等)进行,也可以灵活结合多种方法。

2. 成本控制

在施工过程中,成本控制通过加强对影响成本的各种因素的管理,并采取有效措施,确保实际发生的消耗和支出严格控制在成本计划范围内。通过动态监控和及时反馈,严格审查各项费用是否符合标准,计算并分析实际成本与计划成本之间的差异,进而采取多种措施减少或消除损失浪费。

3. 成本核算

项目管理机构应依据项目成本管理制度，明确项目成本核算的原则、范围、程序、方法、内容及责任要求，并健全项目成本核算台账。施工成本核算包括两个基本环节：一是按照规定的成本开支范围对施工成本进行归集和分配，计算出实际发生额；二是根据成本核算对象，采用适当方法计算出总成本和单位成本。核算对象可根据项目规模、工期、结构类型、施工组织和现场情况灵活划分。项目管理机构须按规定的会计周期进行核算，并编制项目成本报告。对于竣工工程，应分别核算现场成本和完全成本，以考核项目管理绩效和企业经营效益。

4. 成本分析

成本分析基于成本核算，深入剖析成本形成过程和影响成本升降的因素，旨在寻求进一步降低成本的途径。这包括挖掘有利偏差和纠正不利偏差。成本分析贯穿成本管理的全过程，通过比较成本核算资料与目标成本、预算成本及类似项目的实际成本，了解成本变动情况；分析主要技术经济指标对成本的影响，研究成本变动因素，检查成本计划的合理性；并寻找降低项目成本的途径，为有效成本控制提供指导。

5. 成本考核

成本考核在项目完成后进行，依据项目成本目标责任制的规定，对比实际成本指标与计划、定额、预算，评定成本计划的完成情况和各责任者的业绩，并据此给予奖惩。通过成本考核，激励员工努力完成目标成本，降低施工项目成本，提高企业的效益。

成本管理的各个环节紧密相连、相互作用，共同确保成本目标的实现。

5.1.3 成本管理的措施

为实现成本管理的最佳效果，需从多个维度出发，综合施策进行管理。具体而言，这些措施可大致归纳为四个方面：组织措施、技术措施、经济措施及合同措施。

1. 组织措施

组织措施在成本管理中占据着举足轻重的地位，它涉及从组织层面对成本管理进行全面而细致的规划。为确保成本控制的全员参与，需要实行项目经理责任制，明确各级成本管理人员的任务、职能分工、权力与责任，并确保成本管理组织机构和人员的落实到位。这不仅限于专业成本管理人员的工作范畴，各级项目管理人员同样肩负着成本控制的责任。

组织措施的另一方面则体现在成本控制工作计划的精心编制上，通过确定合理详细的工作流程，能够实现施工采购计划的高效管理。这包括通过生产要素的优化配置、合理使用和动态管理，有效控制实际成本；加强施工定额管理和施工任务单管理，以控制活劳动和物化劳动的消耗；以及加强施工调度，避免施工计划不周和盲目调度导致的窝工损失、机械利用率降低和物料积压等问题。

值得注意的是，成本控制工作必须建立在科学管理的基础之上，这包括合理的管理体制、完善的规章制度、稳定的作业秩序及完整准确的信息传递。只有在这样的环境下，成本控制才能取得显著的成效。组织措施作为其他各类措施的前提和保障，其优点在于通常不需要增加额外的费用，且运用得当能够带来良好的效果。

2. 技术措施

在施工过程中，降低成本的关键技术措施包括：首先，进行详尽的技术经济分析，以确定最优施工方案；其次，在明确施工方法的基础上，对材料使用进行精细比选，通过代用、调整配合比、使用外加剂等方法，在满足功能需求的同时，有效减少材料消耗的费用；再次，精确选择最适合的施工机械和设备使用方案；结合项目的施工组织设计以及自然地理条件，优化材料库存和运输策略，进一步降低相关成本；最后，积极应用先进的施工技术，引入新材料，并采用高效的机械设备。在实践中，必须避免仅从技术层面选择方案而忽视其经济效果的综合评估。

技术措施在解决成本管理中的技术问题方面至关重要，同时，对于纠正成本管理目标的偏差也发挥着不可替代的作用。因此，实施技术纠偏措施的关键在于两点：一是能够提出多元化的技术方案；二是对这些方案进行深入的技术经济分析，以选出最佳方案。

3. 经济措施

经济措施作为最易被大众接受和采纳的策略，对于项目管理的成功至关重要。管理人员应当精心制订资金使用计划，明确并分解成本管理目标，从而确保项目的经济性和可行性。在此过程中，对成本管理目标进行深入的风险分析，并据此制订有效的防范性对策，是不可或缺的步骤。

在施工过程中，必须严格控制各项开支，确保资金使用的合理性和高效性。同时，要求相关人员及时、准确地记录、收集、整理、核算实际支出的费用，以便对项目的经济状况进行实时监控。对于各种变更，应迅速进行增减账的调整，确保与业主的签证和工程款结算保持同步。

此外，通过偏差分析和未完工程预测，管理人员能够提前发现潜在的问题，这些问题可能引发未完工程成本的增加。因此，及时采取预防措施，避免潜在的经济风险，是经济措施运用的重要环节。

综上所述，经济措施的运用不仅仅是财务人员的职责，更是全体管理人员需要共同参与和努力的工作。只有全员齐心协力，才能确保项目的经济效益最大化。

4. 合同措施

在合同的全周期中，实施合同措施以控制成本是至关重要的，这一过程涵盖了从合同谈判的启动直至合同终结的每一个阶段。针对分包项目，首要任务在于选择最适宜的合同结构，通过深入地分析和比较各种合同结构模式，确保在合同谈判阶段能选择与工程规模、性质及特点相匹配的合同结构。

在制定合同条款时，必须审慎考虑所有可能影响成本和效益的因素，特别是那些潜在的风险因素。通过精准识别和分析这些风险因素，有助于制订有效的风险应对策略，例如通过合理的方式增加风险承担者的数量，从而减少损失发生的可能性，并将这些策略明确地体现在合同的具体条款之中。

在合同的执行过程中，合同管理的措施同样重要，需要密切关注对方履行合同的情况，以捕捉潜在的合同索赔机会；同时，要确保自身严格履行合同义务，防止被对方索赔。这样的双重关注，将确保合同成本的有效控制。

5.2　成本计划编制

5.2.1　成本计划的类型

在施工项目中，成本计划的编制确实是一个逐步深入、细致化的过程。这一过程中，随着项目的推进，会逐步形成具有不同深度和作用效果的成本计划。按照其在项目管理中的实际效用，可以将这些计划分为三大类：竞争性成本计划、指导性成本计划、实施性成本计划。

1. 竞争性成本计划

竞争性成本计划，特指施工投标及签订合同阶段所制订的估算成本规划。此计划以招标文件中的合同条件、投标者须知、技术规范、设计图纸及工程量清单为基准，结合价格条件说明，通过深入调研、现场踏勘及答疑等环节，综合施工企业自身的工料消耗标准、技术水平、价格数据及费用指标，对投标工程所需的全额费用进行精确估算。在投标报价流程中，虽亦关注降低成本的方法与策略，但整体上仍处于较为宏观的考量层面。

2. 指导性成本计划

指导性成本计划，即在选派项目经理阶段所设定的预算成本规划，它承载着项目经理的责任成本目标。该计划严格依据合同价格，并遵循企业定额标准，精心制订施工成本计划，旨在明确并确立施工过程中的责任成本，确保项目的经济效益和成本控制得到有效保障。

3. 实施性成本计划

实施性成本计划，即在工程项目的施工准备阶段，以既定的项目实施方案为基石，旨在明确并落实项目经理的责任目标。这一计划依据企业施工定额进行编制，确保施工成本得到全面、细致的规划与管理。

上述三项成本计划紧密相连、逐步递进，共同构成了工程项目完整的施工成本计划体系。其中，竞争性成本计划具有显著的成本战略特性，构成了施工投标阶段商务标书的核心基础。而指导性成本计划和实施性成本计划，则是对战略性成本计划的进一步拓展与深化，它们是对战略性成本计划的具体战术部署与执行安排。

5.2.2 施工预算与施工图预算

施工预算与施工图预算虽然相互关联，但在实质上存在显著的差异。

1. 编制依据的区分

施工预算的编制主要依据施工定额，该定额对质量要求、施工方法、劳动工日、材料品种及规格型号等均有详尽的规定。相比之下，施工图预算的编制则主要依据预算定额，其详细程度较施工定额略逊一筹。

2. 适用范围的差异

施工预算主要用于施工企业内部管理，与发包人并无直接联系。而施工图预算则既适用于发包人，也适用于承包人，具有更广泛的适用性。

3. 功能作用的区别

施工预算是承包人组织生产、编制施工计划、准备现场材料、签发任务书、考核工效及进行经济核算的重要依据。同时，它也是承包人优化经营管理、降低生产成本和推行内部经营承包责任制的关键工具。施工图预算则主要用于投标报价，为投标过程提供重要的参考依据。

在编制实施性成本计划时，对施工预算和施工图预算进行对比分析至关重要。通过“两算”对比，可以深入分析节约与超支的原因，为制订解决问题的措施、防止工程亏损及降低工程成本提供有力的依据。

5.2.3　成本计划的编制依据

在编制施工成本计划时，首先是广泛搜集并整理相关资料。其次，基于设计文件、工程承包合同、施工组织设计以及成本预测资料等核心要素，结合对生产要素投入、各种因素变化预测及拟采取的措施的细致分析，精确估算施工项目的生产费用支出总水平。在此基础上，制订施工成本计划的控制指标，明确目标总成本。一旦目标总成本确定，须将其细化并落实到各级部门，以确保有效的成本控制。最后，通过综合平衡，完成施工成本计划的编制。

施工成本计划的编制依据涵盖多个方面，主要包括：合同文件、项目管理实施规划、相关设计文件、最新的价格信息、相关定额标准及类似项目的成本资料等。这些依据为施工成本计划的编制提供了全面而准确的指导。

5.2.4　成本计划的编制程序

根据《建设工程项目管理规范》GB/T 50326－2017，施工成本计划应按下列程序编制。

（1）预测项目成本。

（2）确定项目总体成本目标。

（3）编制项目总体成本计划。

（4）项目管理机构与企业职能部门根据其责任成本范围，分别确定各自成本目标，并编制相应的成本计划。

（5）针对成本计划制订相应的控制措施。

（6）由项目管理机构与企业职能部门负责人分别审批相应的成本计划。

5.2.5　成本计划编制方法

1. 按成本组成编制成本计划

按照成本构成要素详细划分，建筑安装工程费涵盖人工费、材料（包括工程设备）费、施工机具使用费、企业管理费、利润、规费及增值税。其中，人工费、材料费、施工机具使用费、企业管理费和利润这些要素，均被纳入分部分项工程费、措施项目费，以及其他项目费之中，如图 5.1 所示。

进一步地，施工成本可根据其成本构成细分为人工费、材料费、施工机具使用费和企业管理费等，如图 5.2 所示。基于这一分解，可以编制按成本构成详细划分的成本计划，从而确保项目成本的有效控制和管理。

2. 按项目结构编制成本计划

大中型工程项目通常是由若干单项工程构成的，而每个单项工程包括了多个单位工程，每个单位工程又由若干个分部分项工程所组成。因此，首先要把项目总成本分解到单项工程和单位工程中，再进一步分解到分部工程和分项工程中，如图 5.3 所示。

在完成项目成本目标的分解后，接下来便是具体地分配成本，精心编制各个分项工程的成本支出计划。这样，能够构建一份详尽且清晰的成本计划表，以全面反映项目的成本结构和预算安排，见表 5.1。

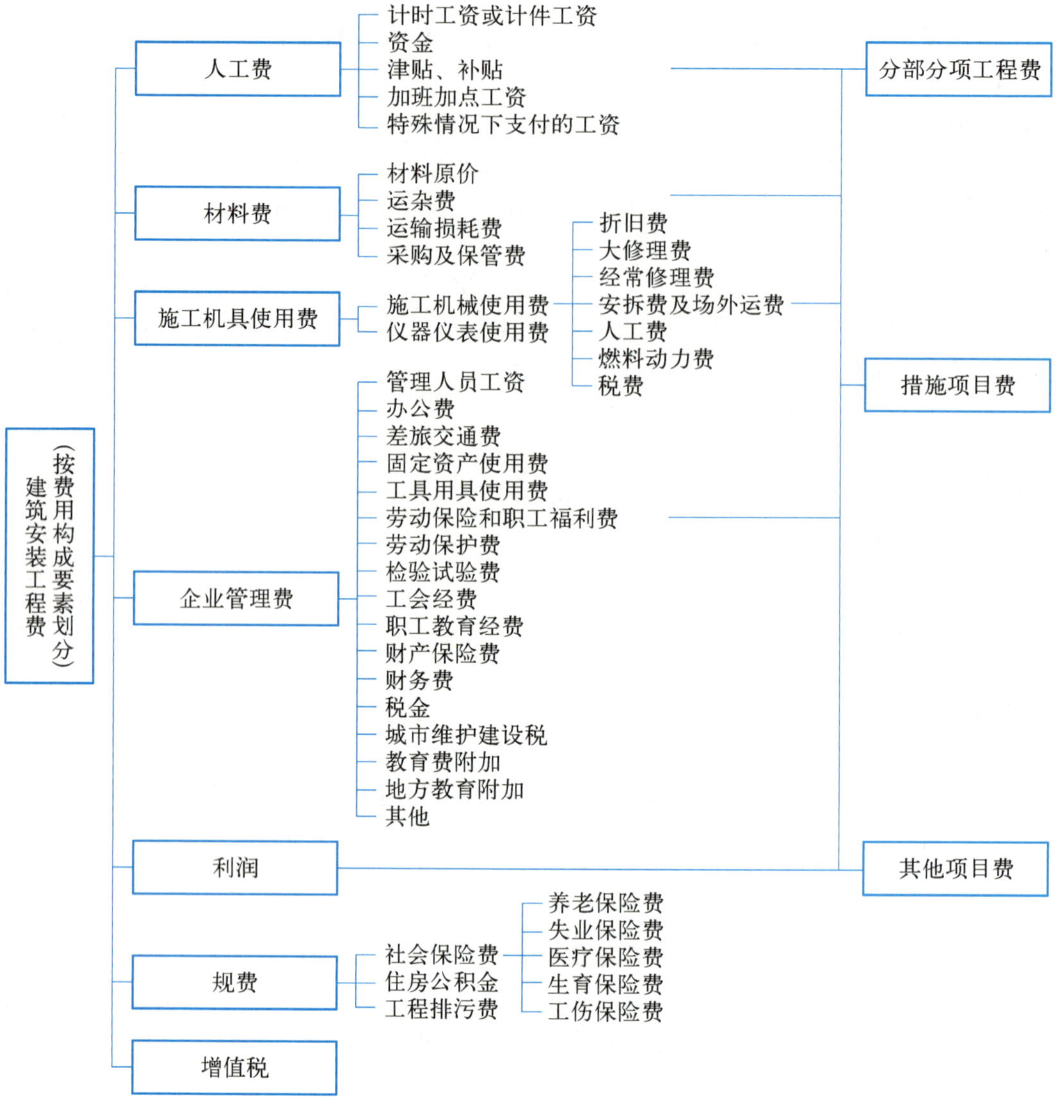

图 5.1 按成本构成要素划分的建筑安装工程费用项目组成

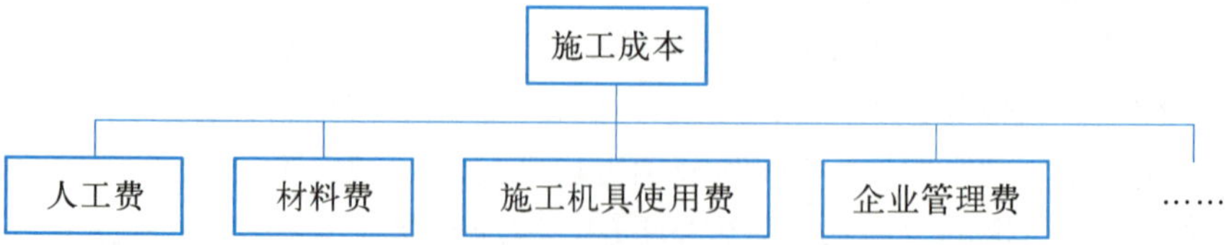

图 5.2 按成本构成分解

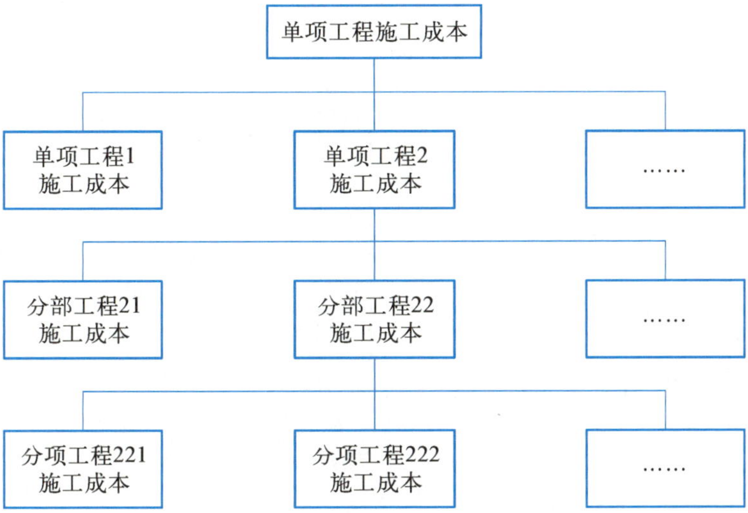

图5.3　按项目结构分解

表5.1　分项工程成本计划表

分项工程编码	工程内容	计量单位	工程数量	计划成本	本分项总计
(1)	(2)	(3)	(4)	(5)	(6)

3. 按工程实施阶段编制成本计划

按工程实施阶段编制成本计划，可以按实施阶段，如基础、主体、安装、装修等或按月、季、年等实施进度进行编制。按实施进度编制成本计划，通常可在控制项目进度的网络图的基础上进一步扩充得到，即在建立网络图时，一方面确定完成各项工作所需花费的时间，另一方面确定完成各项工作合适的成本支出计划。

通过对成本目标按时间维度进行细致分解，在网络计划框架内，能够生成项目进度计划的横道图，并据此精心编制成本计划。其展现形式主要有两种：一是借助时标网络图，可以按月绘制成本计划的直方图，如图5.4所示；另一种则是通过时间-成本累积曲线（即S形曲线）来直观呈现，如图5.5所示。

每一条S形曲线均对应着特定的工程进度计划。鉴于进度计划中非关键路线上的工序或工作存在时差，S形曲线通常会被包含在“香蕉图”之内，这个“香蕉图”由所有工作按最早开始时间和最迟必须开始时间所绘制的曲线所组成。项目经理可根据编制的成本支出计划来妥善安排资金，同时，他们也可以依据筹措的资金来调整S形曲线，即调整非关键路线上的工序项目的最早或最迟开始时间，以确保实际成本支出被控制在计划范围内。

一般而言，按照所有工作最迟开始时间启动，对于节约资金和贷款利息是有益的。然而，这种做法也会降低项目按期竣工的保证率。因此，项目经理必须审慎地确定成本支出计划，以实现既节约成本支出又能控制项目工期的目标。

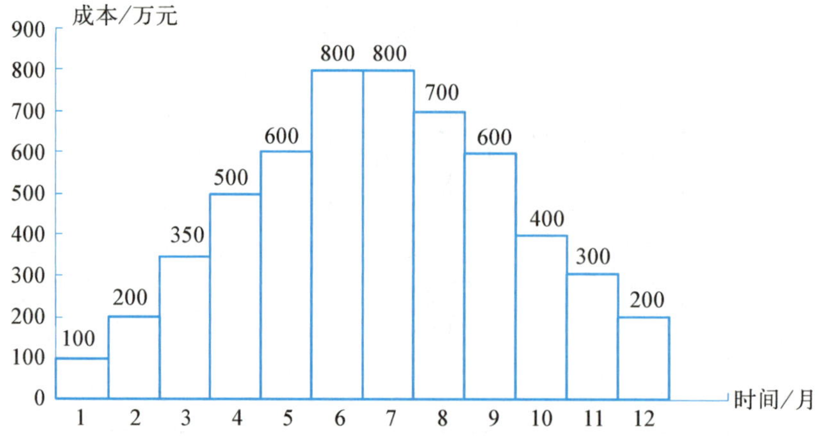

图 5.4　时标网络图上按月编制的成本计划

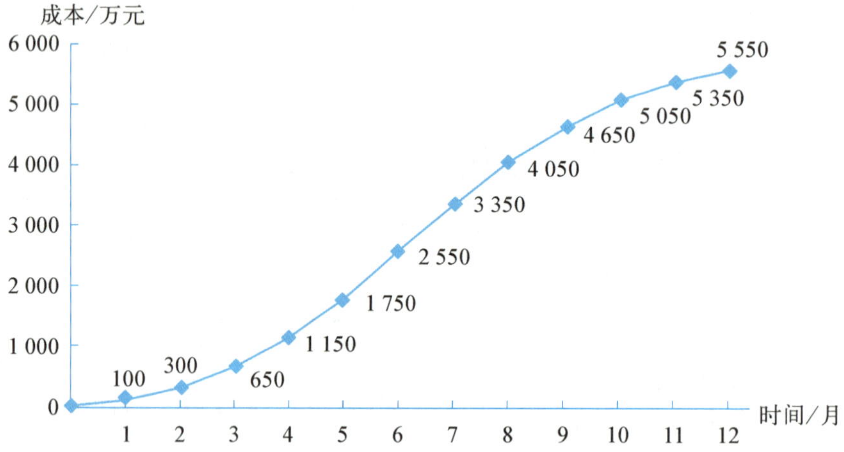

图 5.5　时间成本累积曲线(S 形曲线)

以上三种编制成本计划的方式并非孤立存在。在实际操作中,项目经理常常会将它们结合起来使用,以达到优势互补的效果。例如,将按项目分解总成本与按成本构成分解总成本两种方式相结合,可以横向按成本构成分解,纵向按子项目分解,或者反过来操作。这种分解方式有助于确保各分部分项工程成本构成的完整性,避免重复计算或漏算,同时也有助于明确和落实各项具体的成本支出对象,并通过数字核对确保分解结果的准确性。此外,还可以将按子项目分解项目总成本计划与按时间分解项目总成本计划相结合,通常纵向按子项目分解,横向按时间分解。

5.3　成本控制

5.3.1　成本控制的程序

在确保成本的有效过程控制中,制订一套规范化的控制程序至关重要。成本的过程控制涵盖了两大类别：管理行为控制程序和指标控制程序。其中，管理行为控制程序构成了成本全过程控制的基础框架，它确保了各项管理活动有序进行；而指标控制程序则成为过程控制的焦点，其精准性直接影响到成本控制的效果。这两个程序既各自独立，又紧密相连，它们互为补充，同时也相互制约，共同作用于成本控制的整个过程。

1. 管理行为控制程序

管理行为控制的目的是确保每个岗位人员在成本管理过程中的管理行为符合事先确定的程序和方法的要求。从这个意义上讲，首先要清楚企业建立的成本管理体系是否能对成本形成的过程进行有效的控制，其次要考察体系是否处在有效的运行状态。管理行为控制程序就是为规范项目成本的管理行为而制定的约束和激励体系，内容如下。

1）建立项目成本管理体系的评审组织和评审程序

成本管理体系的建立不同于质量管理体系，质量管理体系反映的是企业的质量保证能力，由社会有关组织进行评审和认证；成本管理体系的建立是企业自身生存发展的需要没有社会组织来评审和认证。因此，企业必须建立项目成本管理体系，并定期对评审组织和评审程序进行评审和总结，以持续改进。

2）建立项目成本管理体系运行的评审组织和评审程序

项目成本管理体系的运行有一个逐步推行的渐进过程。一个企业的各分公司、项目管理机构的运行质量往往是不平衡的。因此，必须建立专门的常设组织，依照程序定期地进行检查和评审。发现问题，总结经验，以保证成本管理体系的保持和持续改进。

3）目标考核，定期检查

管理程序文件应明确每个岗位人员在成本管理中的职责，确定每个岗位人员的管理行为，如应提供的报表、提供的时间和原始数据的质量要求等。要把每个岗位人员是否按要求去履行职责作为一个目标来考核。为了方便检查，应将考核指标具体化，并设专人定期或不定期地检查。

4）制定对策，纠正偏差

对管理工作进行检查的目的是保证管理工作按预定的程序和标准进行，从而保证项目成本管理能够达到预期的目的。因此，对检查中发现的问题，要及时进行分析，然后根据不同的情况，及时采取对策。

2. 指标控制程序

能否实现成本目标，无疑是衡量成本控制成功与否的关键指标。为了确保成本目标的达成，必须对各岗位人员的成本管理行为实施精准控制。以下是项目成本指标控制的主要程序。

1）明确分层次的成本管理目标

在项目启动之初，项目管理机构应基于与项目签订的《项目承包合同》，明确项目的总体成本管理目标，并结合工程进度计划，设定具体的月度成本计划目标。

2）采集成本数据，实时监控成本形成

在施工过程中，须定期收集反映成本支出情况的数据，并将实际数据与目标计划进行对比，从而确保对成本形成的全过程进行有效监控。

3）识别偏差，深入剖析原因

由于施工过程涉及多工种、多方位的立体交叉作业，成本的产生和形成往往难以完全按照

预定目标进行。因此，一旦发现偏差，需迅速分析其原因，区分是市场调价等客观因素还是管理行为失控等人为因素所致。

4) 制定对策，迅速纠正偏差

过程控制的核心在于及时纠正成本形成过程中的偏差，确保成本项目的发生始终控制在预定范围内。针对偏差产生的具体原因，应迅速制定对策并加以实施。

5) 持续优化成本管理方法

通过成本指标来评估管理行为的效果，同时利用管理行为来确保成本指标的达成。这两个程序在项目成本的过程控制中相互交织、相互制约，又密不可分。只有将成本指标的控制程序与管理行为的控制程序紧密结合，才能确保成本管理工作有序、高效地进行。

5.3.2 成本过程控制的方法

1. 人工费的控制

(1) 人工费的控制采用“量价分离”策略，通过定额工日的一定比例，综合确定作业用工及零星用工的数量与单价，并依托专业作业分包合同进行有效管理。为降低工程耗用人工工日，主要手段在于强化劳动定额管理，提升劳动生产率。

(2) 制订科学、合理的企业内部劳动定额，并严格执行，确保安全生产、文明施工及零星用工得到作业队的有效控制。全面推行全额计件的劳动管理办法与单项工程集体承包的经济管理办法，旨在以不超出责任成本人工费指标为控制目标，实施工资包干制度。坚持按劳分配原则，确保职工个人所得与劳动贡献相匹配，以激发广大职工的劳动积极性，进而提高劳动效率。

(3) 将项目进度、安全、质量等指标与定额管理相结合，提升劳动者的综合能力，并实行奖励制度。针对生产工人，提高技术水平和作业队的组织管理水平，根据施工进度和技术要求，合理调配各工种工人数量，减少无效劳动。持续优化劳动组织，营造优质工作环境，改善工人劳动条件，以提升劳动效率。在劳动力安排上，力求技术工专注于技术工作，高级工不从事低级工作，既加快工程进度又节约人工费用。

(4) 加速自有建筑工人队伍建设，积极探索和应用装配式建筑、机器人建造等新型建造方式及科技，提升智能建造水平，推动建筑工人从传统建造方式向新型建造方式转型。通过培养自有建筑工人、吸纳高技能技术工人和职业院校毕业生等方式，构建稳定的核心技术工人队伍。有条件的企业应建立首席技师制度、劳模和工匠人才(职工)创新工作室、技能大师工作室及高技能人才库，强化技能人才队伍建设。

(5) 完善建筑工人职业技能培训体系，组织实施智能建造相关培训，加大对装配式建筑、建筑信息模型(BIM)等新兴职业(工种)建筑工人的培养力度，以增加高技能人才供给。建立技能导向的激励机制，根据项目施工特点制定施工现场技能工人基本配备标准，明确各职业(工种)技能工人技能等级配备比例要求，并逐步提高基本配备标准。将薪酬与建筑工人技能等级挂钩，完善激励措施，实现技高者多得、多劳者多得。

(6) 应规范劳动用工制度，确保用人单位与招用的建筑工人依法签订劳动合同，严禁用劳务合同代替劳动合同，并依法规范劳务派遣用工。施工总承包单位或分包单位不得安排未签订劳动合同并实名登记的建筑工人进入项目现场施工。

2. 材料费的控制

材料费的控制同样按照“量价分离”原则，控制材料用量和材料价格。

1) 材料用量的控制

在保证符合设计要求和质量标准的前提下，合理使用材料，通过定额控制、指标控制、计量控制、包干控制等手段有效控制物资材料的消耗，具体方法如下。

(1) 定额控制。对于消耗定额材料，实施限额领料制度。根据分项工程、工程部位或单位工程实行限额领料，确保施工班组、施工专业队或项目管理机构/分包单位的用料受控。限额领料依据包括准确的工程量、施工定额、施工组织设计和发包人认可的变更洽商单。实施步骤为确定限额领料形式、签发限额领料单、限额量调整和核算。主管部门须深入现场了解用料情况，适时调整限额量，确保施工顺利进行和制度连贯完整。完工后双方办理结算，检查限额领料执行情况，并进行奖惩。

(2) 指标控制。对于没有消耗定额的材料，则实行计划管理和按指标控制的办法。根据以往项目的实际耗用情况，结合具体施工项目的内容和要求，制定领用材料指标，以控制发料。超过指标的材料，必须经过一定的审批手续方可领用。

(3) 计量控制。准确做好材料物资的收发计量检查和投料计量检查。

(4) 包干控制。在材料使用过程中，对部分小型及零星材料(如钢钉、钢丝等)根据工程量计算出所需材料量，将其折算成费用，由作业者包干使用。

2) 材料价格的控制

材料价格的管理主要由材料采购部门主导。鉴于材料价格涵盖买价、运杂费及运输途中的合理损耗等多个方面，其控制关键在于通过精准把握市场动态，灵活运用招标、询价等手段，来有效调控材料、设备的采购成本。在施工项目中，材料物资的重要性不言而喻，它们不仅涵盖了构成工程主体的主要材料和结构件，还包括促进工程进展的周转材料和低值易耗品。从价值层面考量，材料物资的价值在建筑安装工程造价中的占比超过 60%，这足以凸显对材料价格进行严格控制的重要性。

3. 施工机具使用费的控制

合理选择并合理使用施工机械设备，对于成本控制具有举足轻重的意义。施工机具的使用费用主要取决于台班数量和台班单价，为有效管理这一成本，应当聚焦于这两个关键方面进行控制。

1) 台班数量

(1) 根据施工方案和现场实际情况，选择适合项目施工特点的施工机械，制订设备需求计划，合理安排施工生产，充分利用现有机械设备，加强内部调配，提高机械设备的利用率。

(2) 保证施工机械设备的作业时间，安排好生产工序的衔接，尽量避免停工、窝工，尽量减少施工中所消耗的机械台班数量。

(3) 核定机械设备台班定额产量，实行超产奖励办法，加快施工生产进度，提高机械设备单位时间的生产效率和利用率。

(4) 加强设备租赁计划管理，减少不必要的设备闲置和浪费，充分利用社会闲置机械资源。

2) 台班单价

(1) 加强现场设备的维修、保养工作。降低大修、经常性修理等各项费用的开支，提高机械设备的完好率，最大限度地提高机械设备的利用率，避免因使用不当造成机械设备的停置。

（2）加强机械操作人员的培训工作。不断提高操作技能，提高施工机械台班的生产效率。

（3）加强配件的管理。建立健全配件领发料制度，严格按油料消耗定额控制油料消耗，确保修理有记录，消耗有定额，统计有报表，损耗有分析。通过经常分析总结，提高修理质量，降低配件消耗，减少修理费用的支出。

（4）降低材料成本。做好施工机械配件和工程材料采购计划，降低材料成本。

（5）成立设备管理领导小组，负责设备调度、检查、维修、评估等具体事宜。对主要部件及其保养情况建立档案，分清责任，便于尽早发现问题，找到解决问题的办法。

4. 施工分包费用的控制

施工成本控制的核心环节之一在于对分包价格的有效管理。项目管理机构应在施工方案初期便明确划分需分包的工程范围，而分包范围的决策主要依据施工项目的专业性和规模大小。为了精准控制分包费用，关键步骤包括精心进行分包工程的询价工作、订立公平合理的分包合同、构建稳定的分包合作网络及加大施工验收和分包结算的管理力度。通过这些措施，确保分包成本的合理性与项目效益的最优化。

5.3.3 赢得值(挣值)法

赢得值法也叫挣值法，作为一项先进的项目管理技术，是美国国防部于 1967 年首次确立的。目前，国际上先进的工程公司已普遍采用赢得值法进行工程项目费用、进度综合分析控制。

1. 赢得值法的三个基本参数

1）已完工程预算费用

已完工程预算费用是指在工程开工后的某一时刻已经完成的工程，以批准认可的预算为标准所需要的费用总额。由于发包人正是根据此值为施工承包单位完成的工程量支付相应费用，也就是施工承包单位获得(挣得)的金额，故称为赢得值或挣值。

$$已完工程预算费用(BCWP)=已完工程量\times预算单价 \qquad (公式\ 5.1)$$

2）拟完工程预算费用

拟完工程预算费用是指根据进度计划，在某一时刻应完成的工程，以预算为标准所需要的费用总额。

$$拟完工程预算费用(BCWS)=计划工程量\times预算单价 \qquad (公式\ 5.2)$$

3）已完工程实际费用

已完工程实际费用是指截至某一时刻，已完成工程实际所花费的费用。

$$已完工程实际费用(ACWP)=已完成工程量\times实际单价 \qquad (公式\ 5.3)$$

2. 赢得值法的四个评价指标

1）费用偏差

$$费用偏差(CV)=已完工程预算费用(BCWP)-已完工程实际费用(ACWP) \qquad (公式\ 5.4)$$

当费用偏差 CV 为负值时，表明实际费用超支；当费用偏差 CV 为正值时，表明实际费用节约。$CV=0$ 时，表明实际费用按预算支出。

2）进度偏差

进度偏差(SV)＝已完工程预算费用($BCWP$)－拟完工程预算费用($BCWS$)　　（公式 5.5）

当进度偏差 SV 为负值时，表明实际进度拖后；当进度偏差 SV 为正值时，表明实际进度提前。$SV=0$ 时，表明实际进度正常。

3）费用绩效指数

费用绩效指数(CPI)＝已完工程预算费用($BCWP$)/已完工程实际费用($ACWP$)　　（公式 5.6）

费用绩效指数（CPI）<1 时，表明实际费用超支；当费用绩效指数（CPI）>1 时，表明实际费用节约。$CPI=1$ 时，表明实际费用按预算支出。

4）进度绩效指数

进度绩效指数(SPI)＝已完工程预算费用($BCWP$)/拟完工程预算费用($BCWS$)　　（公式 5.7）

当进度绩效指数（SPI）<1 时，表明实际进度拖后；当进度绩效指数（SPI）>1 时，表明实际进度提前。$SPI=1$ 时，表明实际进度正常。

费用(进度)偏差反映的是绝对偏差，结果很直观，有助于成本管理人员了解项目费用出现偏差的绝对数额，并依此采取一定措施，制定或调整费用支出计划。但绝对偏差有其不容忽视的局限性。如同样是 10 万元的费用偏差，对于总费用 1 000 万元的项目和总费用 1 亿元的项目而言，其严重性显然是不同的。因此，费用(进度)偏差仅适合于对同一项目进行偏差分析。费用(进度)绩效指数反映的是相对偏差，它不受项目层次的限制，也不受项目实施时间的限制，因而在同一项目和不同项目比较中均可采用。

5.3.4 成本偏差的表达方法

成本偏差可采用不同的表达方法，常用的有横道图法、表格法和曲线法。

1. 横道图法

采用横道图法表达施工成本偏差，是指用不同的横道标识已完工程预算费用(BCWP)、拟完工程预算费用(BCWS)和已完工程实际费用(ACWP)，横道的长度与其金额成正比。施工成本偏差的横道图法如图 5.6 所示。

横道图法能够形象、直观、准确地表达费用的绝对偏差，而且能直观地表明费用偏差的严重性。但这种方法反映的信息量少，一般在项目较高管理层应用。

2. 表格法

表格法是指将项目编号、名称、各费用参数及费用偏差数综合归纳在一张表格中，直接在表格中进行费用偏差分析，见表 5.2。由于各偏差参数都在表中列出，使得费用管理者能够综合了解并处理这些数据。

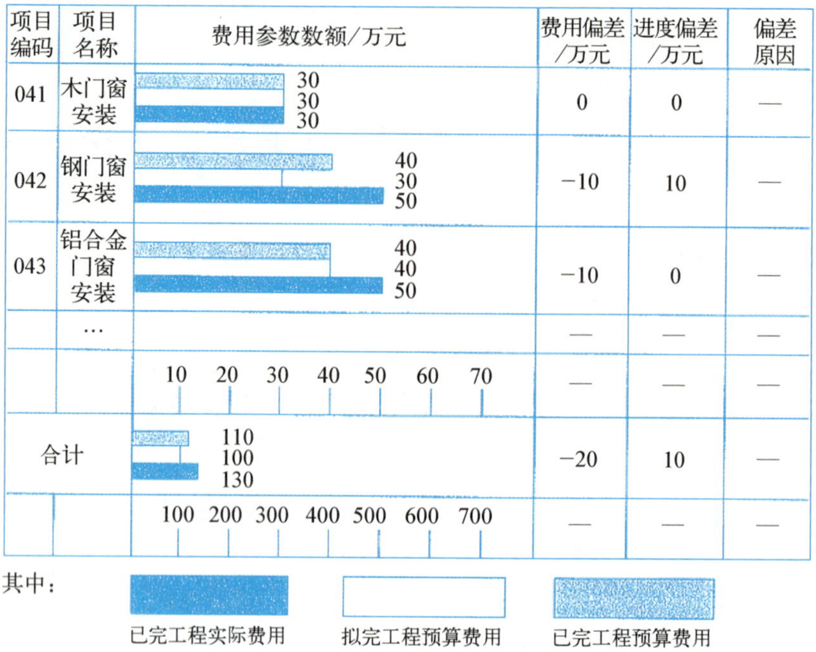

图 5.6 横道图法

表 5.2 费用偏差分析表

项目编码	(1)	041	042	043
项目名称	(2)	木门窗安装	钢门窗安装	铝合金门窗安装
单位	(3)	—	—	—
预算(计划)单价	(4)	—	—	—
计划工程量	(5)	—	—	—
拟完工程预算费用(*BCWS*)	(6) = (5) × (4)	30	30	40
已完成工程量	(7)	—	—	—
已完工程预算费用(*BCWP*)	(8) = (7) × (4)	30	40	40
实际单价	(9)	—	—	—
其他款项	(10)	—	—	—
已完工程实际费用(*ACWP*)	(11) = (7) × (9) + (10)	30	50	50
费用局部偏差	(12) = (8) − (11)	0	−10	−10

续　表

费用绩效指标（*CPI*）	(13) = (8) ÷ (11)	1	0.8	0.8
费用累计偏差	(14) = $\sum$(12)	−20		
进度局部偏差	(15) = (8) − (6)	0	10	0
进度绩效指数（*SPI*）	(16) = (8) ÷ (6)	1	1.33	1
进度累计偏差	(17) = $\sum$(15)	10	—	—

用表格法进行偏差分析具有如下优点。

(1) 灵活性、适用性强。可根据实际需要设计表格，进行增减项。

(2) 信息量大。可以反映偏差分析所需的资料，从而有利于费用控制人员及时采取针对性措施，加强费用控制。

(3) 表格处理可借助于计算机，从而节约大量数据处理所需的人力，并大大提高速率。

3. 曲线法

在施工项目实施过程中，根据前述三个参数可以形成挣值分析曲线，即拟完工程预算费用（*BCWS*）、已完工程预算费用（*BCWP*）、已完工程实际费用（*ACWP*）三条曲线，如图 5.7 所示。

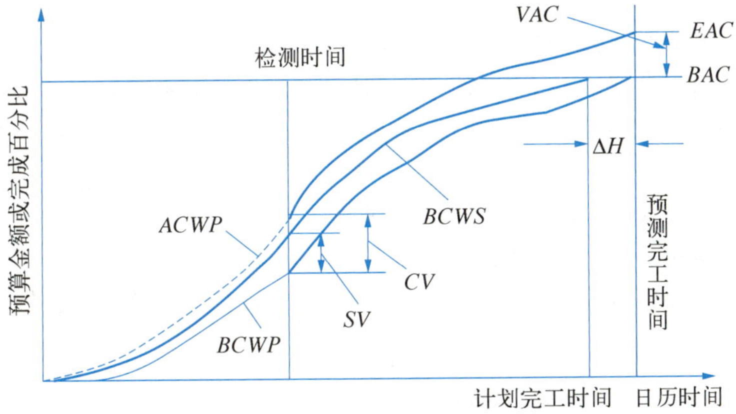

图 5.7　曲线法

图中 $CV = ACWP - BCWP$，反映施工项目费用偏差。$SV = BCWS - BCWP$，反映施工项目进度偏差。

5.3.5　偏差原因分析与纠偏措施

1. 偏差原因分析

在施工项目实施过程中，最理想的状态是已完工程实际费用（*ACWP*）、拟完工程预算费用（*BCWS*）、已完工程预算费用（*BCWP*）三条曲线靠得很近、平稳上升，表明施工项目按预定计划进行。如果三条曲线的离散度不断增加，则可能出现较大的费用偏差。

偏差分析的一个重要目的就是要找出引起偏差的原因，从而采取有针对性的措施，减少或避免类似问题再次发生。在进行偏差原因分析时，首先应将已经导致和可能导致偏差的原因逐一列举出来。不同工程项目产生费用偏差的原因具有一定共性，因而可通过对已建项目的费用偏差原因进行归纳总结，为该项目采取预防措施提供依据，见表 5.3。

表 5.3 费用偏差原因分析

费用偏差原因	描　　述
物价上涨	人工涨价、材料涨价、设备涨价、汇率变化
设计原因	设计错误、设计漏项、设计变更、图纸提供不及时
业主原因	增加投资、组织不落实、建设手续不全、协调处理不当
施工原因	施工方案不当、施工方法被代替、施工质量问题、工期延误等
客观原因	自然因素、基础处理原因、社会因素、法规政策变化

2. 纠偏措施

通常要压缩已经超支的费用，而不影响其他目标是十分困难的，一般只有当给出的措施比原计划已选定的措施更为有利，比如使工程范围减小或生产效率提高等，成本才能降低。例如：

(1) 寻求创新且效率卓越的设计方案，以优化项目流程。

(2) 考虑采购部分产品，而非完全依赖内部生产，以降低成本并提高效率。

(3) 重新选择供应商是必要的步骤，但需注意潜在的供应风险，并确保有足够的时间进行筛选和评估。

(4) 审视并调整实施过程，以确保项目顺利进行并达到预期目标。

(5) 在必要情况下，变更工程范围以适应项目需求和市场变化。

(6) 考虑采取索赔措施，如向业主、承(分)包商、供应商提出索赔，以补偿因费用超支而带来的损失。

表 5.4 赢得值法参数分析与对应措施表

序号	图　形	三参数关系	分　析	措　施
1		$ACWP > BCWS > BCWP$ $SV < 0$; $CV < 0$	效率低进度较慢 投入超前	用工作效率高的人员更换一批工作效率低的人员
2		$BCWP > BCWS > ACWP$ $SV > 0$; $CV > 0$	效率高进度较快 投入延后	若偏离不大，维持现状

续 表

序号	图　形	三参数关系	分　析	措　施
3		$BCWP > ACWP > BCWS$ $SV > 0$；$CV > 0$	效率较高进度快投入延后	抽出部分人员，放慢进度
4		$ACWP > BCWP > BCWS$ $SV > 0$；$CV < 0$	效率较高进度较快投入超前	抽出部分人员，增加少量骨干人员
5		$BCWS > ACWP > BCWP$ $SV < 0$；$CV < 0$	效率较低进度慢投入超前	增加高效人员投入
6		$BCWS > BCWP > ACWP$ $SV < 0$；$CV > 0$	效率较高进度较慢投入延后	迅速增加人员投入

5.4　成本核算

5.4.1　成本核算的原则、依据、范围和程序

1. 成本核算的原则

项目成本核算应遵循形象进度、产值统计与成本归集同步的原则，确保这三者所依据的工程量取值范围保持一致。具体而言，形象进度所表达的工程量、统计施工产值时所用的工程量，以及实际成本归集所依据的工程量，均应为相同的数值。这样的同步性有助于确保成本核算的准确性和一致性。

2. 成本核算的依据

成本核算的依据主要包括以下几个方面。

(1) 全面记录财产物资的收发、领退、转移、报废等变动情况，以及进行定期的清查和盘点。这些详尽的资料是确保成本计算准确无误的基础和前提条件。

(2) 与成本核算紧密相关的各项原始记录和工程量统计资料，它们为成本核算提供了翔实的数据支持。

(3) 此外，还需参考工时、材料、费用等各项内部消耗定额，以及材料、结构件、作业、劳务的内部结算指导价，以更精确地反映成本构成和变动情况。

3. 成本核算的范围

根据《企业会计准则第 15 号——建造合同》,工程成本涵盖合同执行期间的直接和间接费用。直接费用涉及材料、人工、机械使用和其他与合同直接相关的支出。间接费用则包括施工单位为组织和管理施工活动所产生的费用。

按照《企业产品成本核算制度(试行)》,成本项目分为直接人工、直接材料、机械使用费、其他直接费用和间接费用。直接人工指工人薪酬,直接材料涵盖构成工程实体的材料和周转材料费用,机械使用费涉及自有和外租机械的使用费用。其他直接费用包括搬运、装卸、燃料动力等费用。间接费用是指施工单位组织和管理工程施工的费用。

施工企业根据成本项目归集费用,直接成本费用直接计入工程成本,间接费用则按确定方法分配计入成本核算对象。

4. 成本核算的程序

工程成本的核算程序,遵循会计核算的基本规程,并紧密结合工程成本的特点与核算要求,具体步骤如下。

(1) 对产生的各项费用进行详尽审核,明确划分哪些费用应计入工程成本,以及各项期间费用的具体数额。

(2) 将应计入工程成本的各项费用,进一步细分,区分出本月应负担的费用与需由其他月份工程成本分摊的费用。

(3) 针对每个月应计入工程成本的生产费用,在各成本对象间进行合理分配和归集,以准确计算各工程的成本。

(4) 对未完工程进行详尽盘点,确保本期已完工程的实际成本得到准确确定。

(5) 将已完工程的成本转入工程结算成本,并对竣工工程的实际成本进行核算,确保成本的准确性和完整性。

5.4.2 成本核算的方法

1. 表格核算法

表格核算法旨在通过对施工项目内部各环节的深入成本核算,为核算单位和各部门提供定期信息采集的基础。基于这些信息,各单位需按照既定规则填写一系列表格,进行数据的对比、考核及基础的核算工作,从而构建完整的工程项目成本核算体系,作为整个项目成本核算的坚实平台。此核算方法的特点在于其简便易懂的操作流程和良好的实用性;然而,其局限性也显而易见,即难以构建科学严密的审核机制,可能导致核算精度有限,且覆盖面相对狭窄。

2. 会计核算法

会计核算方法的基础在于对工程项目的全面核算,它充分运用了收支全面核实法与借贷记账法的特性。依据施工项目成本的收支范围和内容,该方法精确地进行成本核算,不仅涵盖工程项目施工的直接成本,还涉及施工过程中的债权债务、自购工具与器具的摊销、向发包单位的报量和收款、分包完成与分包付款等方面。此方法科学严密,人为控制因素较小,核算覆盖面广泛。然而,它对核算工作人员的专业素养和工作经验有较高要求。项目财务部门普遍采用此种核算方法。

5.5 成本分析与成本考核

5.5.1 成本分析的依据、内容和步骤

1. 成本分析的依据

1）会计核算

会计核算是对价值进行核算，是对单位经济业务进行计量、记录、分析、检查和监督的管理活动，旨在实现最优经济效益。通过账户设置、复式记账、凭证审核、账簿登记、成本计算和报表编制等方法，记录企业生产经营活动，提供资产、负债、权益、收入、费用和利润等货币化经济指标数据。会计记录具有连续性、系统性和综合性，是成本分析的重要依据。

2）业务核算

业务核算由各部门基于工作需要建立，包括原始记录和计算登记表，如工程进度、质量、工效、物资消耗等登记。其核算范围更广泛，不仅核算已完成项目的效果，还核算未发生或正在发生的经济活动，以确定其经济效果和执行的必要性。特点是对个别经济业务进行单项核算，如技术措施、新工艺等。目的是迅速获取资料，以便在经济活动中及时调整。

3）统计核算

统计核算基于会计核算和业务核算资料，系统整理企业生产经营活动的数据，揭示其规律性。其计量尺度广泛，包括货币、实物和劳动量。通过全面的抽样调查，提供绝对数、相对数和平均数指标，计算实际水平并预测发展趋势。

2. 成本分析内容

(1) 随着施工进展而进行的成本分析，包括分部、分项工程施工成本、月(季)度施工成本、年度施工成本、竣工成本等。

(2) 按成本项目进行的成本分析，包括人工费、材料费、施工机具使用费、其他直接费、间接费等。

(3) 针对特定问题和有关事项进行的成本分析，如分包工程成本、工期成本、质量成本、安全成本、环保成本、资金成本、技术组织措施节约效果等。

3. 成本分析的步骤

施工成本分析应遵循下列步骤。

(1) 选择成本分析方法。

(2) 收集成本信息。

(3) 进行成本数据处理。

(4) 分析成本形成原因。

(5) 确定成本结果。

5.5.2 成本分析方法

1. 成本分析的基本方法

1）比较法

比较法又称“指标对比分析法”，是指对比技术经济指标，检查目标的完成情况，分析产生差

异的原因,进而挖掘降低成本的方法。这种方法通俗易懂、简单易行、便于掌握,因而得到了广泛的应用,但在应用时必须注意各技术经济指标的可比性。比较法的应用通常有以下三种形式。

(1) 将实际指标与目标指标进行对比。以此检查目标完成情况,分析影响目标完成的积极因素和消极因素,以便及时采取措施,保证成本目标的实现。在进行实际指标与目标指标对比时,还应注意目标本身有无问题,如果目标本身出现问题,则应调整目标,重新评价实际工作。

(2) 本期实际指标与上期实际指标对比。通过本期实际指标与上期实际指标对比,可以看出各项技术经济指标的变动情况,反映施工管理水平的提高程度。

(3) 与本行业平均水平、先进水平对比。通过对比,可以反映本项目的技术和经济管理水平与行业的平均水平及先进水平的差距,进而采取措施提高本项目管理水平。

以上三种对比,可以同时在一张表中反映。例如,某项目本年计划节约"三材"100 000 元,实际节约 120 000 元,上年节约 95 000 元,比企业先进水平节约 130 000 元。根据上述资料编制的实际指标与上期指标、先进水平对比分析表见表 5.5。

表 5.5 实际指标与上期指标、现金水平对比分析表 (单位:元)

指　　标	本年计划数	上年实际数	企业先进水平	本年实际数	差异数		
					与计划比	与上年比	与先进比
"三材"节约额	100 000	95 000	130 000	120 000	20 000	25 000	−10 000

2) 因素分析法

因素分析法又称连环置换法。这种方法可用来分析各种因素对成本的影响程度。在进行分析时,首先要假定众多因素中的一个因素发生了变化,而其他因素则不变,在前一个因素变动的基础上分析第二个因素的变动,然后逐个替换,分别比较其计算结果,以确定各个因素的变化对成本的影响程度。并据此对企业的成本计划执行情况进行评价,并提出进一步的改进措施。

因素分析法的计算步骤如下。

(1) 以各个因素的计划数为基础,计算出一个总数。

(2) 逐项以各个因素的实际数替换计划数。

(3) 每次替换后,实际数就保留下来,直到所有计划数都被替换成实际数为止。

(4) 每次替换后,都应求出新的计算结果。

(5) 最后将每次替换所得结果,与其相邻的前一个计算结果比较,其差额即为替换的那个因素对总差异的影响程度。

【例 5.1】某施工单位承包一工程,计划砌砖工程量 1 200 m^3,按预算定额规定,每立方米耗用空心砖 510 块,每块空心砖计划价格为 0.12 元;而实际砌砖工程量却达 1 500 m^3,每立方米实耗空心砖 500 块,每块空心砖实际购入价为 0.18 元。试用因素分析法进行成本分析。

解:砌砖工程的空心砖成本计算公式为:

$$空心砖成本=砌砖工程量\times每立方米空心砖消耗量\times空心砖价格$$

采用因素分析法对上述三个因素分别对空心砖成本的影响进行分析。计算过程和结果见表 5.6。

表 5.6　砌砖工程空心砖成本分析表

计算顺序	砌砖工程量	每立方米空心砖消耗量	空心砖价格/元	空心砖成本/元	差异数/元	差异原因
计划数	1 200	510	0.12	73 440	—	—
第一次代替	1 500	510	0.12	91 800	18 360	由于工程量增加
第二次代替	1 500	500	0.12	90 000	−1 800	由于空心砖节约
第三次代替	1 500	500	0.18	135 000	45 000	由于价格提高
合　计	—	—	—	—	61 560	—

以上分析结果表明，实际空心砖成本比计划超出 61 560 元，主要是由于工程量增加和空心砖价格提高引起的；另外，由于节约空心砖消耗，使空心砖成本节约了 1 800 元，这是好现象，应该总结经验，继续发扬。

3）差额计算法

差额计算法是因素分析法的一种简化形式，它利用各个因素的目标值与实际值的差额来计算其对成本的影响程度。

【例 5.2】以上个例题的成本分析资料为基础，利用差额计算法分析各因素对成本的影响程度。

工程量的增加对成本的影响额＝(1 500−1 200)×510×0.12＝18 360(元)

材料消耗量变动对成本的影响额＝1 500×(500−510)×0.12＝−1 800(元)

材料单价变动对成本的影响额＝1 500×500×(0.18−0.12)＝45 000(元)

各因素变动对材料费用的影响＝18 360−1 800＋45 000＝61 560(元)

两种方法的计算结果相同，但采用差额计算法显然要比第一种方法简单。

2. 综合成本分析方法

综合成本是指涉及多种生产要素，并受多种因素影响的成本费用，如分部分项工程成本、月(季)度成本、年度成本等。由于这些成本都是随着项目施工的进展而逐步形成的，与生产经营有着密切的关系，因此，做好这些成本的分析工作，无疑将促进项目的生产经营管理，提高项目的经济效益。

(1) 分部分项工程成本分析。分部分项工程成本分析是施工项目成本分析的基础。分部分项工程成本分析的对象为已完成分部分项工程，分析的方法是：进行预算成本、目标成本和实际成本的“三算”对比，分别计算实际偏差和目标偏差，分析偏差产生的原因，为今后的分部分项工程成本寻求节约途径。

(2) 月(季)度成本分析。月(季)度成本分析，是指对施工项目定期的、经常性的中间成本分析。这对于施工项目来说，具有特别重要的意义。通过月(季)度成本分析，可以及时发现问题，以便按照成本目标指定的方向进行监督和控制，保证项目成本目标的实现。

(3) 年度成本分析。企业按成本要求一年结算一次，不得将本年成本转入下一年度。而项目成本则以项目的建设周期为结算期，要求从开工到竣工直至保修期结束连续计算，最后结算出总成本及其盈亏。由于项目的施工周期一般较长，除进行月(季)度成本核算和分析外，还要进行年度成本的核算和分析。这不仅是企业汇编年度成本报表的需要，而且是项目成本管理的需要，通过年度成本的综合分析，可以总结一年来成本管理的成绩和不足，为今后的成本管理提供经验和教训，从而可对项目成本进行更有效的管理。

(4) 竣工成本综合分析。凡是包含几个单位工程且单独进行成本核算(即成本核算对象)的施工项目，其竣工成本分析应以各单位工程竣工成本分析资料为基础，再加上项目管理层的经营效益(如资金调度、对外分包等所产生的效益)进行综合分析。如果施工项目只有一个成本核算对象(单位工程)，就以该成本核算对象的竣工成本资料作为成本分析的依据。

5.5.3 成本管理绩效考核

1. 成本考核指标

1) 数量指标

(1) 按子项汇总的工程项目计划总成本指标。

(2) 按分部汇总的各单位工程(或子项目)计划成本指标。

(3) 按人工、材料、机具等各主要生产要素划分的计划成本指标。

2) 质量指标

(1) 设计预算成本计划降低率=设计预算总成本计划降低额/设计预算总成本。

(2) 责任目标成本计划降低率=责任目标总成本计划降低额/责任目标总成本。

3) 效益指标

(1) 设计预算总成本计划降低额=设计预算总成本－计划总成本。

(2) 责任目标总成本计划降低额=责任目标总成本－计划总成本。

2. 成本考核方法

公司应将项目成本降低额和项目成本降低率作为项目管理机构成本考核的核心指标。同时，公司应强化对项目管理机构的指导，并充分借助管理人员、技术人员和作业人员的丰富经验和智慧，以防止项目管理在企业内部转变为少数人承担风险的以包代管模式。

成本考核应同时涵盖公司层面和项目管理机构，确保全面性和针对性。公司应对项目管理机构的成本和效益进行全方位的评价、考核与奖惩，确保考核结果的客观性和公正性。

在进行考核与奖惩时，公司层应特别关注防止虚盈实亏的情况，同时避免实际成本归集中出现的差错，以确保成本考核的公平、公正和公开。在此基础上，公司应严格执行成本管理责任制的奖惩措施，确保成本管理的有效性和可持续性。

项目管理机构也应根据成本考核结果，对相关人员进行及时、公正的奖惩，以激励员工积极参与成本管理，提升项目管理水平。

5.6 BIM5D 在成本管理中的应用

5.6.1 成本预算与 BIM5D 的结合

在成本预算与 BIM5D 的结合中，数据的实时更新和动态调整是关键。BIM5D 平台支持项目团队在施工过程中实时录入和更新成本数据，如材料消耗、人工工时等。这些实时数据能够自动与预算进行对比分析，帮助项目管理者及时发现成本偏差，并采取相应的调整措施。此外，BIM5D 还提供了强大的数据分析功能，如成本构成分析、成本变化趋势预测等，为项目管理者提供了决策支持。

一个成功的案例是某专用宿舍楼项目的成本优化。在该项目中，项目团队利用 BIM5D 平台对设计方案进行了多轮成本估算和优化。通过 BIM5D 的模拟分析功能，项目团队能够直观地看到不同设计方案对成本的影响，从而选择最优方案。在施工过程中，BIM5D 还帮助项目团队实现了成本的实时监控和动态调整。通过实时录入和更新成本数据，项目团队能够及时发现成本偏差，并采取相应的措施进行纠正。最终，该项目在成本预算方面取得了显著的优化效果，为项目的成功实施奠定了坚实的基础。

5.6.2 材料管理与成本优化

在项目管理中，材料管理与成本优化是两大核心要素，它们直接关系项目的经济效益和竞争力。BIM5D 技术为材料管理与成本优化提供了强有力的支持。通过 BIM5D 平台，项目团队可以实现对材料使用的精确追踪和成本控制，从而显著提升项目的经济效益。

在材料管理方面，BIM5D 通过构建三维模型，将项目所需的各种材料信息集成到模型中，实现材料信息的可视化管理和实时更新。项目团队可以基于 BIM5D 平台，对材料的采购、入库、出库、使用等各个环节进行精确追踪，确保材料使用的合理性和高效性。例如，在某专用宿舍楼项目中，通过 BIM5D 平台对材料使用进行精确管理，项目团队成功降低了材料浪费率，提高了材料使用效率，为项目节约了可观的成本。

在成本优化方面，BIM5D 通过集成项目成本数据，为项目团队提供全面的成本分析和决策支持。项目团队可以利用 BIM5D 平台，对项目的成本构成进行深入分析，找出成本控制的关键点和优化空间。同时，BIM5D 还支持成本动态监控和预警功能，帮助项目团队及时发现成本偏差，并采取相应的调整措施。例如，在某复杂综合体项目中，项目团队利用 BIM5D 平台对成本进行动态监控和优化，成功实现了成本的有效控制，提高了项目的经济效益。

此外，BIM5D 还支持与多种成本管理软件的集成，如 ERP、CRM 等，实现项目成本信息的无缝对接和共享。这不仅可以提高项目成本管理的效率和准确性，还可以为项目团队提供更加全面和深入的成本分析和决策支持。正如著名管理学家彼得・德鲁克所说，管理就是决策。BIM5D 正是通过提供全面、准确、及时的成本信息，帮助项目团队作出更加明智的决策，实现项目的成本优化。

5.6.3 基于 BIM5D 的成本实时监控

在项目管理中，成本实时监控是确保项目经济效益的关键环节。BIM5D 技术为成本实时监控提供了强有力的支持。通过 BIM5D 平台，项目团队能够实时获取项目成本数据，进行动态分析和调整，从而确保项目成本控制在预算范围内。

在实际应用中，BIM5D 通过集成项目成本数据，实现了成本的实时监控。例如，在一个大型综合体项目中，项目团队利用 BIM5D 平台，将各类成本数据（如材料费、人工费、机械费等）进行实时录入和更新。通过 BIM5D 的数据分析功能，项目团队能够迅速发现成本偏差，并采取相应的调整措施。此外,BIM5D还支持与财务系统的对接,实现了成本数据的自动更新和汇总,大大提高了成本监控的效率和准确性。

在成本实时监控的过程中,BIM5D的数据可视化功能发挥了重要作用,如图5.8所示。通过BIM5D的三维模型,项目团队能够直观地了解项目的成本分布情况,发现成本控制的重点区域。同时,BIM5D还支持多种数据分析模型,如挣值分析、成本偏差分析等,帮助项目团队更准确地评估项目的成本状况,为决策提供有力支持。

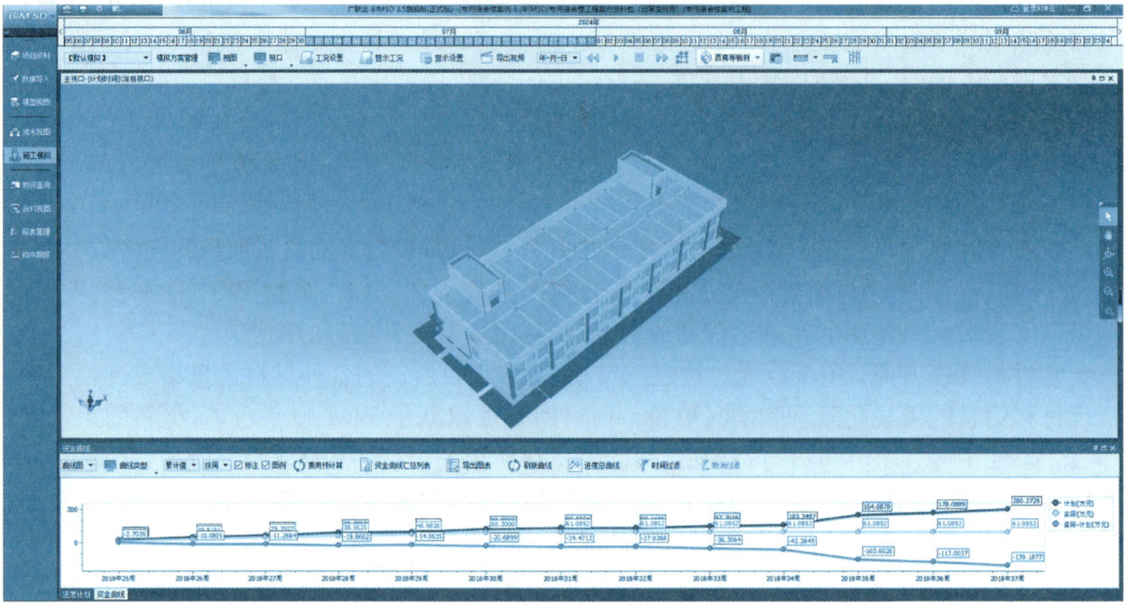

图5.8 资金进度曲线

5.6.4 变更与索赔管理在成本控制中的应用

在复杂综合体项目的成本优化与BIM5D应用中,变更与索赔管理显得尤为重要。由于项目规模庞大、涉及专业众多,施工过程中难免会出现设计变更和索赔事件。通过BIM5D平台,项目团队可以实时跟踪设计变更情况,快速评估变更对成本的影响,并据此进行成本调整。同时,BIM5D还能够提供详细的索赔管理功能,帮助项目团队准确记录索赔事件、分析索赔原因、计算索赔金额,并与业主进行及时沟通,确保索赔工作的顺利进行。

以某大型综合体项目为例,在施工过程中,由于业主方需求变更,导致部分楼层结构需要进行调整。项目团队利用BIM5D平台,对变更后的楼层结构进行了快速建模和成本估算。通过对比变更前后的成本数据,项目团队发现变更将增加约10%的成本。为了控制成本,项目团队与业主进行了深入沟通,最终达成了一致意见,对部分非关键性变更进行了优化,成功将成本控制在预算范围内。

此外,BIM5D平台还提供了丰富的数据分析功能,帮助项目团队对变更与索赔事件进行深入分析。通过数据可视化技术,项目团队可以清晰地看到各类变更与索赔事件的分布情况、发生频率以及影响程度等信息。这些信息为项目团队制订针对性的成本控制策略提供了有力支持。例如,在分析过程中发现某类设计变更频繁发生且对成本影响较大时,项目团队可以加大该类设计变更的审核和管理力度，从源头上降低变更成本。

总之，BIM5D 在变更与索赔管理中的应用为项目成本控制提供了有力支持。通过实时跟踪设计变更情况、快速评估变更对成本的影响及提供详细的索赔管理功能等措施，项目团队能够有效控制项目成本、提高项目效益。同时，BIM5D 平台提供的数据分析功能，还为项目团队制订针对性的成本控制策略提供了有力支持。

5.6.5　成本管理中的 BIM5D 数据分析与决策支持

在成本管理的实践中，BIM5D 数据分析能够实时跟踪项目的成本变动，为项目管理者提供精准的成本预测和控制。通过对施工进度与建筑模型的实时更新，BIM5D 能够自动生成详细的成本报告，包括各项费用的支出情况、成本的偏差分析以及可能的风险预测等，如图 5.9 所示。这些报告为项目管理者提供了直观的数据支持，使他们能够更加准确地把握项目的成本状况，从而制订更加合理的成本控制策略。

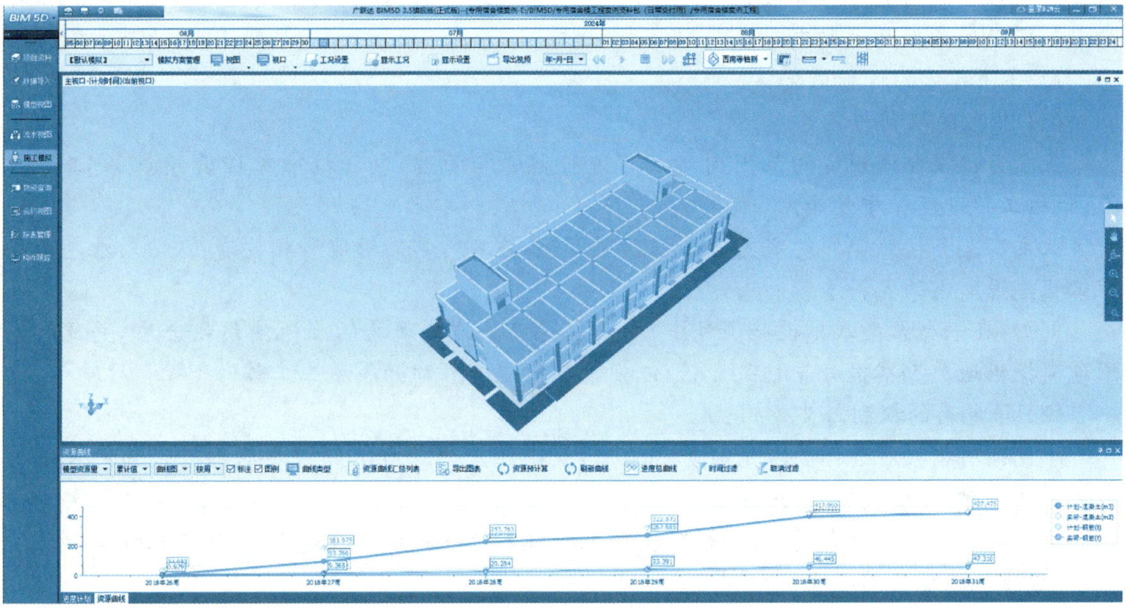

图 5.9　资源进度曲线

除了实时跟踪成本变动，BIM5D 数据分析还能够为项目管理者提供多维度的成本分析。通过对比不同时间段的成本数据，项目管理者可以清晰地看到成本的变化趋势，发现成本控制的薄弱环节，并采取相应的措施进行改进。此外，BIM5D 数据分析还能够对不同类型的成本进行分类统计，如人工成本、材料成本、机械成本等，使项目管理者能够更加深入地了解各项费用的构成和变动情况，为成本控制提供更加科学的依据。

在决策支持方面，BIM5D 数据分析为项目管理者提供了丰富的数据和模型支持。通过对历史数据和当前数据的对比分析，项目管理者可以预测未来的成本变动趋势，为项目决策提供可靠的依据。此外，BIM5D 还能够通过模拟各种施工方案和变更情况，评估不同方案对项目成本的影响，帮助项目管理者选择最优方案，降低项目成本。

【科普知识】

FIDIC 条款：国际工程合同的基石

1. FIDIC 条款的起源与发展

FIDIC(国际咨询工程师联合会)成立于1913年，其最初的目的是促进国际工程咨询行业的交流与合作。随着全球基础设施建设的蓬勃发展，FIDIC 逐渐意识到需要一套标准化的合同条款来规范国际工程建设项目，以确保项目的顺利进行和各方权益的保障。于是，在20世纪中叶，FIDIC 开始着手制定一系列通用的工程合同条款，这便是 FIDIC 条款的雏形。

经过多年的实践和不断修订，FIDIC 条款逐渐完善并成为国际工程领域广泛认可和应用的合同标准。它不仅涵盖了工程建设的各个方面，如工程设计、施工、监理等，还考虑到了不同国家和地区的法律、文化和经济差异，具有很强的适应性和通用性。如今，FIDIC 条款已经成为国际工程合同的重要参考依据，被全球众多国家和地区的工程项目所采用。

2. FIDIC 条款的主要内容

1) 合同各方的权利与义务

(1) 业主的权利与义务。

业主有权在合同规定的范围内对工程进行监督和管理，包括批准工程设计、变更工程范围、审核工程进度和质量等。

业主有义务按照合同约定支付工程款项，提供施工所需的场地和相关资料，协助承包商办理工程建设所需的各种手续。

例如，在一个大型基础设施项目中，业主需要确保施工现场的土地使用权合法，并及时向承包商提供地质勘察报告等相关资料，以便承包商能够顺利开展施工工作。

(2) 承包商的权利与义务。

承包商有权按照合同要求进行工程施工，获得相应的工程款项。在遇到业主违约或不可抗力等情况时，有权提出索赔。

承包商有义务按照合同约定的质量、工期和技术标准完成工程建设，确保工程安全和环境保护，遵守施工现场的各项规章制度。

比如，承包商在施工过程中必须严格遵守工程质量标准，采用合格的材料和施工工艺，确保工程质量符合合同要求。如果因承包商自身原因导致工程质量问题，承包商需要承担相应的修复责任。

(3) 工程师的权利与义务。

工程师作为独立的第三方，受业主委托对工程进行监督和管理。其有权对工程施工进行检查、验收，批准工程变更，处理合同纠纷等。

工程师有义务保持公正、客观，维护业主和承包商的合法权益，按照合同规定履行职责。

在工程施工过程中，工程师需要对承包商提交的施工方案进行审核，确保其符合工程要求和安全标准。如果发现施工过程中存在问题，工程师有权要求承包商进行整改。

2) 工程质量与验收

(1) 质量标准。

FIDIC 条款明确规定了工程质量应符合的标准和规范，包括国际通用的标准及项目所在国家或地区的相关标准。承包商必须按照这些标准进行施工，确保工程质量达到合同要求。

(2) 质量控制。

承包商需要建立完善的质量控制体系，对施工过程中的各个环节进行严格的质量控制。包括原材料的检验、施工工艺的控制、施工过程的监测等。

工程师有权对质量控制过程进行监督和检查，确保质量控制措施的有效实施。例如，工程师可以要求承包商对进场的原材料进行抽样检验，并提交检验报告。

(3) 验收程序。

工程完工后，承包商需要向工程师提交验收申请。工程师组织相关人员对工程进行验收，包括外观检查、质量检测、功能测试等。

如果工程质量符合合同要求，工程师颁发验收证书，标志着工程正式交付使用。如果存在质量问题，承包商需要进行整改，直至工程质量达到验收标准。

3) 工程进度与工期

(1) 进度计划。

承包商在合同签订后需要制定详细的施工进度计划，并提交给工程师审核批准。进度计划应包括工程的各个阶段的开始时间、结束时间、关键节点等信息。

(2) 进度控制。

承包商需要按照进度计划进行施工，并定期向工程师报告工程进度情况。如果实际进度与计划进度出现偏差，承包商需要及时采取措施进行调整。

工程师有权对工程进度进行监督和检查，对进度滞后的情况提出警告并要求承包商采取赶工措施。例如，如果承包商因自身原因导致工程进度滞后，工程师可以要求承包商增加施工人员、设备或延长工作时间，以确保工程按时完成。

(3) 工期延误。

如果因不可抗力、业主原因或其他非承包商原因导致工期延误，承包商有权提出工期顺延的申请，并要求业主赔偿相应的损失。

对于承包商自身原因导致的工期延误，承包商需要承担相应的违约责任，如支付违约金等。

4) 工程变更与索赔

(1) 工程变更。

在工程施工过程中，业主有权根据实际需要对工程进行变更，包括工程设计、施工工艺、工程范围等方面的变更。

工程变更需要经过工程师的批准，并按照合同规定的程序进行。承包商有权对工程变更提出费用和工期的索赔要求。例如，如果业主增加了工程范围，承包商可以要求增加工程款项和相应的工期延长。

(2) 索赔。

承包商在遇到业主违约、不可抗力、工程变更等情况时，有权根据合同规定提出索赔。索赔的内容包括费用补偿和工期顺延。

承包商需要在规定的时间内提交索赔报告，并提供相关的证据支持。工程师对索赔报告进行审核，并根据合同规定做出决定。例如，如果承包商因不可抗力导致工程停工，承包商可以向业主提出费用补偿和工期顺延的索赔要求，并提供当地气象部门的证明等相关证据。

5）合同价格与支付

(1) 合同价格。

合同价格是业主和承包商在合同中约定的工程总价款，包括工程建设所需的各项费用，如材料费、人工费、设备费、管理费、利润等。合同价格可以采用固定总价、固定单价或其他约定的计价方式。

(2) 支付方式。

业主按照合同约定的支付方式和时间向承包商支付工程款项。支付方式可以包括预付款、进度款、结算款等。

承包商需要提交相应的付款申请和发票等文件，经工程师审核后，业主进行支付。例如，在工程施工过程中，承包商每月按照实际完成的工程量向业主提交进度款申请，工程师审核确认后，业主按照合同约定的比例支付进度款。

(3) 价格调整。

如果在合同执行过程中出现物价波动、汇率变化等情况，合同中通常会约定相应的价格调整条款，以确保双方的利益不受过大影响。

例如，如果合同约定采用价格指数调整法，当物价指数发生变化时，根据合同规定的公式对合同价格进行调整。

总之，FIDIC 条款作为国际工程合同的重要标准，在过去的几十年中为国际工程建设的规范和发展作出了重要贡献。随着时代的发展和工程建设领域的不断变革，FIDIC 条款也将不断完善和创新，继续在国际工程舞台上发挥重要作用，为全球基础设施建设和经济发展提供有力的支持。

【思考与练习】

模块 6

建设工程项目质量管理

案例引入

专用宿舍楼工程项目质量总监，根据项目质量目标编制施工质量计划，并严格执行以确保项目的高质量完成。

质量总监首先组织团队深入研究项目设计图纸、技术规格书及国家相关建筑质量标准，明确了项目质量目标、关键质量控制点及相应的检验标准。在此基础上，编制了详细的施工质量计划，内容涵盖材料采购、施工过程控制、质量检查与验收、不合格品处理及质量改进措施等各个环节。计划还特别强调了 BIM 技术在质量管理中的应用，以提升管理效率和精确度。

1. BIM 技术在质量管理中的应用

(1) 三维可视化模型：利用 BIM 技术建立的三维可视化模型，质量总监能够直观地了解建筑物的每一个细节，包括结构布局、材料使用及施工工艺等。这不仅有助于提前发现并解决设计中的问题，还能在施工过程中实时比对模型与实体，确保施工符合设计要求。

(2) 碰撞检测：通过 BIM 模型进行碰撞检测，提前发现不同专业间的设计冲突和现场施工中的潜在问题，避免返工和浪费，保证施工进度和质量。

(3) 质量检查点设置：在 BIM 模型中预设质量检查点，结合施工进度计划，自动提醒检查人员进行现场检查和记录，确保所有关键质量控制点均得到严格把控。

(4) 质量问题追踪：对于发现的质量问题，利用 BIM 模型的关联性和可追溯性，快速定位问题源头，记录整改措施及效果，形成闭环管理。

2. 材料与设备管理

质量总监严格把关材料采购环节，确保所有材料均符合设计要求及国家质量标准。同时，利用 BIM 技术建立材料管理数据库，实现材料的入库、出库、使用及剩余量的实时监控，防止材料浪费和丢失。对于施工设备，也进行了全面的性能检查和定期维护，确保设备处于良好状态，为施工质量提供保障。

3. 施工人员培训与管理

质量总监要重视施工人员的技能培训和质量意识教育，定期组织培训活动，提高施工人员的专业技能和质量意识。同时，实施严格的现场管理制度，明确各岗位职责，加强施工现场的巡查和监督，确保施工操作规范、有序。

4. 质量验收与持续改进(PDCA 循环)

PDCA 循环包含：plan(计划)、do(执行)、check(检查)和 act(行动)。在项目各阶段结束后，质量总监组织专业人员进行质量验收，严格按照质量标准和验收规范进行检查，确保每一道工序都达到质量要求。对于发现的问题，及时组织整改并跟踪验证整改效果。同时，建立质量反馈机制，收集业主、监理及社会各界的意见和建议，不断优化质量管理体系，实现持续改进。

通过这一系列科学、系统的质量管理措施，专用宿舍楼工程项目在质量总监的带领下，顺利完成了各项质量目标，赢得了业主和社会各界的广泛赞誉。这一成功案例不仅为类似项目的质量管理提供了宝贵经验，也进一步彰显了 BIM 技术在提升建筑工程质量管理水平中的重要作用。

根据上述案例内容，总结质量管理的方法

课程目标

(1) 了解质量管理的流程和方法。
(2) 掌握质量影响因素分析方法。
(3) 掌握 PDCA 循环的内容。
(4) 了解施工事故的认定和处理。

6.1 质量管理概述

6.1.1 质量管理的相关概念

1. 建设工程项目质量

建设工程项目质量，即项目实施所形成的工程实体的品质，其标准在于能否满足法律、法规的强制性规定及合同中的具体约定。这包括了在安全、使用功能以及耐久性能、环境保护等方面的明确与潜在要求。

2. 工程项目质量管理

工程项目质量管理，即在项目执行过程中，对参与各方关于质量的协作活动进行指挥与控制，旨在确保项目满足既定的质量要求。这涵盖了策划、组织、计划、实施检查、监督及审核等一系列管理活动。作为工程项目建设、勘察、设计、施工、监理等各方的共同责任，项目参与各方的项目经理必须充分激发与项目质量相关的所有成员的积极性，共同履行各自职责，以实现项目质量管理的全面成功。

3. 工程项目质量控制

质量控制，作为质量管理不可或缺的一环，旨在确保各项活动均满足既定的质量要求。这些活动主要包括：

(1) 目标设定：依据质量要求，精确界定所需达成的标准，并明确控制的界限、范围和特定区域。

(2) 测量检查：详细度量实际成果，评估其是否达到预设目标的程度。

(3) 评价分析：全面评估控制的有效性和成果，深入剖析偏差产生的根本原因。

(4) 偏差纠正：一旦发现实际成果偏离预设目标，立即采取针对性的措施，力求迅速纠正偏差。

简而言之，质量控制是一个围绕明确质量目标，通过精心策划的行动方案和资源配置，实施事前预防、事中监控和事后调整的系统过程，以确保实现预期的质量目标。

6.1.2 项目质量管理的责任和义务

1. 五方责任主体

五方责任主体包括建设单位、勘察单位、设计单位、施工单位和监理单位。这五方在工程项目的推进过程中各自扮演着不可或缺的角色，共同确保工程的质量的有效控制。

首先，建设单位作为项目的发起者和组织者，应加强对项目质量目标的设定和监管。在项目启动阶段，建设单位应明确项目的质量标准和要求，并将其纳入项目合同和协议中。同时，建设单位还应建立有效的质量监管机制，定期对项目的质量进行检查和评估，确保项目质量符合合同要求。

其次，设计单位在质量管理中扮演着至关重要的角色。设计单位应根据建设单位的需求和项目的实际情况，合理设计项目的结构、功能和外观。在设计过程中，设计单位应充分考虑项目的可行性、安全性和经济性，确保设计方案符合相关法规和标准。此外，设计单位还应加强与施工单位的沟通协作，及时解决设计中的问题，确保施工顺利进行。

施工单位作为项目建设的主体，其质量管理的责任和义务尤为重要。施工单位应严格按照设计图纸和施工方案进行施工，确保施工质量符合相关法规和标准。在施工过程中，施工单位应加强对原材料、构配件和设备的质量检查，确保使用合格的材料和设备。同时，施工单位还应加强施工现场管理，确保施工安全和文明施工。

监理单位作为项目质量的监督者，应全面履行其质量管理的责任和义务。监理单位应严格按照监理合同和法规要求，对项目的质量进行监督和检查。在监理过程中，监理单位应加强对施工单位的质量行为的监督和约束，及时发现并纠正质量问题。同时，监理单位还应加强与建设单位、设计单位和施工单位的沟通协作，共同推动项目质量的提升。

最后，勘察单位在质量管理中也扮演着重要的角色。勘察单位应提供准确、可靠的勘察数据和信息，为项目的设计和施工提供有力支持。在勘察过程中，勘察单位应严格按照相关法规和标准进行勘察，确保勘察结果的准确性和可靠性。同时，勘察单位还应加强对勘察数据和信息的分析和研究，为项目的质量管理和风险控制提供科学依据。

总之，五方责任主体在质量管理的责任和义务中各有侧重，但都是确保项目质量的关键因素。他们应加强沟通协作，共同推动项目质量的提升，为社会和人民创造更多的价值。

2. 五方责任主体项目负责人

建筑工程五方责任主体项目负责人，即建设、勘察、设计、施工、监理单位的相关负责人，他们共同肩负着确保建筑工程项目顺利进行的重任。这些项目负责人所承担的质量终身责任，意味着在新建、扩建、改建的建筑工程项目中，他们必须依照国家法律法规和有关规定，在工程设计使用年限内对工程质量承担相应责任。

当出现以下情形之一时，县级以上地方人民政府住房和城乡建设主管部门将依法追究项目负责人的质量终身责任。

(1) 发生工程质量事故。

(2) 因工程质量问题引发投诉、举报、群体性事件或媒体报道,造成严重社会影响。

(3) 由于勘察、设计或施工原因,导致尚在设计使用年限内的建筑工程无法正常使用。

(4) 存在其他需追究责任的违法违规行为。

为确保工程质量终身责任的落实,已实行书面承诺和竣工后永久性标牌等制度。对于因违反法律法规规定而导致工程质量事故或严重质量问题的,除依法追究项目负责人的终身责任外,还将依法追究相关责任单位和责任人员的责任。

6.1.3 项目质量的影响因素分析

建设工程项目质量的影响因素,主要是指在项目质量目标策划、决策和实现过程中影响质量形成的各种客观因素和主观因素,包括人的因素、机械因素、材料(含设备)因素、方法因素和环境因素(简称"人、机、料、法、环")等。

1. 人的因素

在工程项目质量管理领域,人的因素占据着至关重要的地位。项目质量管理的核心,即在于精准地把握并控制人的因素。这些影响因素主要涵盖两个层面:首先,是那些直接承担项目质量职能的决策者、管理者及作业者,他们的质量意识及执行质量活动的能力;其次,则是参与项目策划、决策或实施的各类实体组织,如建设单位、勘察设计单位、咨询服务机构、工程承包企业等,这些组织的质量管理体系及其管理能力同样至关重要。前者聚焦于个体的素质与能力,而后者则关注于团队或组织的整体效能。

我国已经实施了一系列管理制度,如建筑业企业经营资质管理、市场准入、执业资格注册、作业及管理人员持证上岗等,这些制度本质上都是为了确保建设工程活动中的人员具备必要的素质和能力。作为控制对象,必须确保人员的工作准确无误;而作为控制的动力源泉,应充分调动人员的积极性,发挥他们在项目中的核心作用。因此,为确保项目质量,必须对项目参与各方的人员素质进行严格有效的控制,并不断提升他们的质量活动能力。

2. 机械的因素

机械,作为施工过程中的核心组成部分,涵盖了施工机械和各类工器具,如运输设备、吊装设备、操作工具、测量仪器、计量器具及施工安全设施等。这些机械设备不仅是施工方案和工法得以实施的重要物质基础,更是确保项目施工质量和安全的关键因素。合理选择和正确使用施工机械设备,无疑对项目施工的顺利进行起到了至关重要的作用。

3. 材料(含设备)的因素

材料种类繁多,涵盖了工程材料和施工用料,具体包含原材料、半成品、成品、构配件及周转材料等。这些材料是工程施工不可或缺的基本物质条件,一旦材料质量不达标,工程质量自然难以达到预定标准。此外,所提及的设备特指工程设备,这些设备由工艺设备和各类机具组成,包括各类生产设备、装置,以及辅助配套的电梯、泵机,还有通风空调、消防、环保设备等。这些设备在工程项目中占据重要地位,其质量直接关系到工程使用功能的发挥。因此,为了确保工程质量,必须加强对材料设备的质量管理,这无疑是保证工程质量的基础。

4. 方法的因素

方法的因素,即技术因素,涵盖了勘察、设计、施工过程中采用的各种技术和方法,以及工程检测、试验的技术手段。从某种角度看,技术方案和工艺水平的卓越性直接决定了项目质量。基于科学的理论指导，采用先进且合理的技术方案和措施，严格按照规范进行勘察、设计和施工，这不仅能够确保项目的结构安全，满足使用功能，更在产品质量的关键物理、化学特性，如精度、强度、平整度、清洁度、耐久性等方面，发挥着积极的推动作用。

5. 环境的因素

影响项目质量的环境因素，又包括项目的自然环境因素、社会环境因素、管理环境因素和作业环境因素。

1）自然环境因素

主要影响项目质量的因素包括工程地质、水文、气象条件，以及地下障碍物和其他不可抗力。例如，复杂的地质条件对建设工程的地基处理和基础设计提出了更高的标准，若处理不当，将严重威胁结构安全；在地下水位较高的地区，若雨季进行基坑开挖，连续降雨或排水不畅极易引发基坑塌方，地基受水浸泡也会削弱其承载力；在寒冷地区，若冬季施工措施不当，工程可能遭受冻融损害，进而影响质量；此外，基层未干燥或大风天进行卷材屋面防水层施工，易导致粘贴不牢和空鼓等质量问题。

2）社会环境因素

主要指的是那些可能对项目质量产生影响的各类社会环境因素。这包括但不限于国家建设法律法规的完善程度及其执行力度，建设工程项目法人决策的合理性及经营者的管理哲学，建筑市场（涵盖建设工程交易市场和建筑生产要素市场）的成熟度和交易行为的规范性；政府在工程质量监督与行业管理方面的成熟度，建设咨询服务业的发展水平及其服务质量，以及廉政管理和行业风气建设的现状等。这些因素共同构成了影响项目质量的重要社会环境因素。

3）管理环境因素

这主要涵盖了项目参建单位的质量管理体系、完善的质量管理制度，以及各单位间的有效协调等因素。具体来说，参建单位的质量管理体系的完备性和运行效率，是其质量管理能力的核心体现。在项目施工过程中，基于承发包合同结构，明确管理关系，构建统一的现场施工组织系统，并建立综合的质量管理运行机制，对于确保工程项目质量保证体系处于最佳状态至关重要。这样的安排不仅为施工提供了良好的质量管理环境和氛围，更是施工顺利进行、提升施工质量的重要保证。

4）作业环境因素

项目实施现场的环境条件至关重要，涵盖了平面布局和空间环境的考量，以及各类能源介质的稳定供应。此外，施工过程中的照明、通风、安全防护设施的配置，施工场地的给水排水系统，以及交通运输和道路条件的顺畅与否，都是不可忽视的因素。这些条件直接关系到施工进程的顺利推进，以及施工质量的可靠保障。

6.2　项目质量管理体系

6.2.1　项目质量管理体系的建立

项目质量管理体系的建立过程，实质上是对项目质量总目标的明确与细化，同时确立了项目各参与方在质量管理上的协作与控制职责。为确保质量管理体系的科学与高效，必须确立体系建立的基本原则、有序程序和主要责任方。

1. 建立的原则

1）分层次规划原则

项目质量管理体系的分层次规划，要求项目管理的总组织者（如建设单位或代建制项目管理企业）及承担项目实施的各参与单位，根据各自的管理层次和范围，进行有针对性的建设工程项目质量管理体系规划。

2）目标分解原则

项目质量管理系统目标的分解，是依据工程项目的结构分解，将建设标准和质量总体目标细化至各个责任主体，并在合同中明确。各责任主体据此制订具体的质量计划，明确其控制方法和措施。

3）质量责任制原则

项目质量管理体系的建立，需严格遵循《中华人民共和国建筑法》和《建设工程质量管理条例》等相关法规，明确各方在工程质量上的责任范围和控制要求。

2. 建立的程序

项目质量管理体系的建立，通常遵循以下步骤进行。

1）建立系统质量管理网络

明确系统各层级的质量管理负责人，如项目经理或工程负责人、总工程师、总监理工程师、专业监理工程师等，形成清晰的项目质量管理责任网络。

2）制定质量管理制度

制定包括质量管理例会、协调、报告审批、质量验收和信息管理等在内的各项制度，形成项目质量管理体系的管理文件或手册，作为各方共同遵守的管理依据。

3）分析质量管理界面

质量管理界面的分析涉及静态和动态两个方面。静态界面主要依据法规、合同和组织内部职能分工确定；动态界面则侧重于项目实施过程中各参与方之间的协作与责任划分，需明确管理原则和协调方式。

4）编制质量管理计划

项目管理的总组织者负责编制总质量计划，并指导各责任主体根据自身任务范围编制相应的质量计划。这些计划需经规定程序审批后，作为实施质量管理的依据。

6.2.2 项目质量管理体系的运行

项目质量管理体系的建立，为项目的质量管控提供了坚实的组织制度保障。为确保质量管理体系的有效运行，必须依赖于系统内部完善的运行环境和机制。

1. 运行环境

项目质量管理体系的运行环境主要包括以下几个方面，它们共同为系统运行提供支持。

1）合同的合理结构

建设工程合同是项目各参与方之间的纽带。只有在合同结构合理、质量标准和责任条款明确，且严格进行履约管理的情况下，质量管理体系的运行才能成为各方的自觉行动。

2）资源配置的优化

这包括配备专职的工程技术和管理人员，以及实施技术管理和质量管理所必需的设备、设施、器具、软件等物质资源。合理的人员和资源配置是质量管理体系运行的基础。

3）组织制度的健全

项目质量管理体系内部的各项管理制度和程序性文件，为质量管理系统各个环节的运行提供了必要的行动指南、行为准则和评价基准，是系统有序运行的基本保证。

2. 运行机制

项目质量管理体系的运行机制是其生命力的体现。机制缺陷往往导致系统运行无序、失效和失控。因此，在系统内部管理制度设计时，必须防止重要管理制度的缺失、制度本身的缺陷及制度之间的矛盾等现象，以确保系统能够注入有效的动力机制、约束机制、反馈机制和持续改进机制。

1）动力机制

基于公正、公开、公平的责、权、利分配，以及适当的竞争机制，形成项目质量管理体系运行的核心动力。

2）约束机制

由各质量责任主体内部的自我约束能力和外部的监控效力共同构成。内部约束能力表现为组织及个人的经营理念、质量意识、职业道德及技术能力的发挥；外部监控效力则取决于项目实施主体外部对质量工作的推动和检查监督。

3）反馈机制

确保运行状态和结果的信息反馈及时、准确，以便对质量管理系统的能力和运行效果进行评价，并为及时作出处置提供决策依据。

4）持续改进机制

在项目实施的各个阶段，不同的层面、范围和质量责任主体之间，应用 PDCA 循环原理进行质量管理，并不断寻求改进机会、研究改进措施，以确保建设工程项目质量管理系统不断完善和持续改进，从而提高质量管理能力和水平。

6.2.3　质量管理的 PDCA 循环

PDCA 循环是指一个持续改进的过程。这个循环在企业管理、项目管理和个人发展等多个领域中都发挥着重要的作用，旨在帮助组织或个人识别问题、制订解决方案、实施改进措施，并通过检查和反馈来持续优化。

第一，在 plan 阶段，需要明确目标，识别当前的问题或挑战，并制订相应的解决方案。这个阶段需要充分的调研和分析，以确保计划是切实可行的，并且能够满足预期的需求。同时，还需要制订详细的行动计划，明确每个步骤的责任人和时间节点，以确保计划的顺利执行。

第二，进入 do 阶段后，按照计划开始执行改进措施。这个阶段需要保持高度的专注力和执行力，确保每个步骤都按照计划进行。同时，还需要密切关注执行过程中的问题和挑战，并及时进行调整和优化。在执行过程中，保持团队的协作和沟通至关重要，以确保工作能够高效完成。

第三，当改进措施执行完毕后，就进入了 check 阶段。在这个阶段，需要对执行结果进行全面的检查和评估。通过收集数据、分析指标和反馈意见，可以了解改进措施的实际效果，并找出可能存在的问题和不足。这个阶段需要客观、公正地评估结果，以便为后续的改进提供依据。

第四，到了 act 阶段。在这个阶段，需要根据检查结果制订相应的行动方案。如果改进措施取得了显著的效果,可以将其纳入标准操作程序或制度中,以确保持续改进的可持续性。如果还存在问题或不足,需要制订新的改进计划,并再次进入 PDCA 循环,继续寻求更好的解决方案。

总之,PDCA 循环是一个持续改进的过程,可以帮助识别问题、制订解决方案、实施改进措施,并通过检查和反馈来持续优化。在实际应用中,可以根据具体情况灵活调整循环的各个阶段,以适应不同的需求和挑战。

6.3 施工质量计划的内容和编制方法

根据我国质量管理体系标准,质量计划是质量管理体系文件的重要组成部分。在合同环境下,质量计划是企业向顾客明确表达质量管理方针、目标及其具体实现途径、方法和措施的文件,它体现了企业对质量责任的郑重承诺及实施的具体步骤和计划。

6.3.1 施工质量计划的形式和内容

1. 质控计划的形式

目前,我国施工企业在质量管理上已逐渐完善,其中,已建立质量管理体系的企业常将施工质量计划作为独立文件。同时,有企业选择在施工组织设计或施工项目管理实施规划中纳入质控计划的内容。

施工组织设计或施工项目管理实施规划能够承载施工质控计划的功能,这是因为每个工程项目都需要依据建筑生产的技术经济特点,对施工生产过程进行组织与计划,包括设定施工质量、进度、成本、安全等目标,以及实现这些目标的步骤和技术措施。因此,施工质量计划所涵盖的内容自然地被融入施工组织设计或项目管理实施规划中,充分展现了施工项目管理目标(如质量、工期、成本、安全)的关联性、制约性和整体性,与全面质量管理的理念相吻合。

2. 施工质量计划的基本内容

施工质量计划的基本内容通常涵盖以下几个方面。

(1) 工程特点及施工条件(如合同条件、法规要求和现场环境等)的详细分析。

(2) 质量控制的总目标及其细化的分解目标。

(3) 质量管理组织机构的设置、职责划分,以及人员与资源的配置计划。

(4) 施工工艺与操作方法的技术方案,以及相应的施工组织方案。

(5) 施工材料、设备等物资的质量管理策略与控制措施。

(6) 施工质量检验、检测、试验的计划安排,实施方法以及检测标准。

(7) 施工质量控制点的确定,以及跟踪控制的方式与具体要求。

(8) 质量记录的管理要求等。

6.3.2 施工质量控制点的设置与管理

施工质量控制点的设置是施工质量控制计划的重要组成内容。施工质量控制点是确保施工质量的关键环节,通过合理设置和严格监控,可以及时发现并解决施工过程中的质量问题,确保施工质量的稳定和可靠。

1. 质量控制点的设置

质量控制点的设置应针对技术要求高、施工难度大、对工程质量影响显著或质量问题可能导致严重后果的对象。通常，会选择以下部位或环节作为质量控制的关键点。

(1) 直接影响工程质量形成过程的关键部位、工序、环节及隐蔽工程。

(2) 施工过程中的薄弱环节，或质量波动较大的工序、部位或对象。

(3) 对后续工序质量有重大影响的上一道工序。

(4) 引入新技术、新工艺、新材料应用的部位或环节。

(5) 在施工质量控制上，存在不确定性、施工条件困难或技术难度大的工序或环节。

(6) 用户反馈中提及的及过去存在质量问题并有过返工历史的工序。

2. 质量控制点的重点控制对象

设定了质量控制点后，还需根据对重要质量特性的强调控制要求，选择质量控制点的核心部位、关键环节以及主要质量影响因素，作为重点关注和控制的对象，实施重点预防控制和实时监控。质量控制点的重点控制对象主要包括以下几个方面。

(1) 人的行为控制是确保操作与工序安全的关键，特别是在涉及高空、高温、水下等高风险环境，以及易燃易爆、重型构件吊装等作业中。此外，对于操作要求高、技术难度大的工序，更应聚焦于人的生理状态、心理承受能力和技术能力的全面考量与控制，以确保作业的安全与高效进行。

(2) 材料的质量与性能：这两项因素直接对工程质量产生深远影响，因此在特定工程中应被视为控制的核心要点。例如，在钢结构工程中，高强度螺栓及特定焊接所需的焊条，其材质与性能均需受到严格的控制；再如，水泥的质量直接关系混凝土工程的稳定性，因此在施工过程中，对于进场的水泥质量必须进行重点监控。必须严格核查其出厂合格证，并按照相关标准对其强度、凝结时间和安定性进行复验，确保所有材料均符合工程质量要求。

(3) 施工方法与关键操作：为确保工程质量，应特别关注某些直接影响工程质量的关键操作。例如，预应力钢筋的张拉工艺操作过程及其张拉力的精确控制，是确保预应力值稳定和预应力构件质量的核心。此外，还需将那些可能对工程质量产生重大影响的施工方法列为重点控制对象。这包括但不限于大模板施工中，模板的稳定性和组装精确度，液压滑模施工中支撑杆的稳固性，以及装配式混凝土结构构件在吊运、吊装过程中吊具、吊点、吊索的合理选择与设置。这些环节的严格控制，将为工程质量的全面提升奠定坚实基础。

(4) 施工技术参数是确保工程质量和安全的关键因素，以下是需要重点控制的质量参数与指标：混凝土的水胶比、外加剂的掺量，回填土的含水量，砌体砂浆的饱满度，防水混凝土的抗渗等级。同时，还需密切关注建筑物沉降与基坑边坡稳定的监测数据，以及大体积混凝土内外温差和混凝土在冬季施工时的受冻临界强度。此外，装配式混凝土预制构件出厂时的强度也是不可忽视的技术参数。这些参数的精确控制对于保障工程的顺利进行和最终质量至关重要。

(5) 技术间歇：为确保工程质量，某些工序间需设置必要的技术间歇时间。例如，砌筑与抹灰之间，应在墙体砌筑后预留至少 10 天的间隔，让墙体充分沉陷、稳定并干燥，随后方可进行抹灰。抹灰层干燥后，方可进行喷白、刷浆等后续工作。同样，混凝土浇筑与模板拆除之间，也需确保混凝土有足够的硬化时间，待达到规定的拆模强度后，方可进行模板拆除。

(6) 施工顺序：某些工序之间必须严格遵循特定的施工顺序。例如，冷拉的钢筋应先进行焊接，再进行冷拉，否则可能失去冷拉效果。在屋架的安装固定过程中，应采取对角同时施焊的方法，以防止焊接应力导致已校正好的屋架发生倾斜。

(7) 质量通病及其预防：常见的质量问题，如混凝土工程的蜂窝、麻面、空洞，墙面、地面、屋面的渗水、漏水、空鼓、起砂、裂缝等，往往与工序操作不当有关。因此，应事先研究对策，提出并实施有效的预防措施。

(8) 新技术、新材料及新工艺的应用：由于这些领域缺乏经验，施工过程中应将其作为重点进行控制，确保新技术、新材料及新工艺的有效应用。

(9) 产品质量不稳定及不合格率高的工序：对于产品质量不稳定或不合格率较高的工序，应列为重点，进行认真的分析和严格的控制，以确保工程质量的稳定提升。

(10) 特殊地基或特种结构的施工：对于湿陷性黄土、膨胀土、红黏土等特殊地基的处理，以及大跨度结构、高耸结构等技术难度较大的施工环节和重要部位，应予以特别的重视，采取专门的施工技术和措施，确保施工质量和安全。

3. 质量控制点的管理

第一，对施工质量控制点的管理，首要任务是实施事前质量控制预防措施，这包括：明确质量控制的目标与关键参数，精心编制作业指导文件及质量控制措施，确定质量检查检验的方式、抽样数量与方法，以及明确检查结果的评估标准与质量记录、信息反馈的具体要求。

第二，向施工作业班组进行详尽的技术交底，确保每位作业人员清晰了解施工作业规程、质量检验与评定标准，并熟练掌握施工操作要领。在施工过程中，技术管理和质量控制人员需亲临现场，提供重点指导和检查验收。

第三，应实施施工质量控制点的动态设置与跟踪管理。动态设置指的是在工程启动前、设计交底和图纸审查阶段，初步确定一批质量控制点。随着工程的进行和施工条件的变化，这些控制点需随时或定期进行调整和更新。动态跟踪则是通过专人跟踪记录控制点的质量控制状态与效果，并及时向项目管理高层反馈质量控制信息，以确保施工质量控制点的持续受控。

对于涉及高风险的分部分项工程或特殊施工过程，除了遵循一般过程质量控制规定外，还需由专业技术人员制定专项施工方案或作业指导书，并经施工单位技术负责人、项目总监理工程师、建设单位项目负责人审阅批准后实施。对于规模较大的高风险分部分项工程，还需组织专家对专项施工方案进行论证。在施工前，施工员和技术员应做好交底与记录工作，确保操作人员在明确工艺标准和质量要求的基础上进行作业。

为实现质量控制点的目标，应严格遵循三级检查制度进行监控。一旦发现质量控制点异常，应立即停工，组织分析会，找出原因并采取相应措施解决。施工单位应积极配合监理工程师的工作，根据监理机构的要求，将施工作业质量控制点按不同性质和管理要求细分为“见证点”和“待检点”，进行有针对性的施工质量监督和检查。凡属“见证点”的施工作业，施工方需在作业开始前书面通知监理机构进行旁站监督；而“待检点”的施工作业，如隐蔽工程等，在完成自检后，须提前通知监理机构进行检查验收，合格后方可进行后续施工。

6.4 建设工程项目施工阶段质量控制方法

6.4.1 施工准备阶段的质量控制方法

施工准备阶段的质量控制是指项目正式施工前，对各项准备工作及影响质量的各因素和有关方面进行的质量控制。施工准备是为保证施工生产正常进行而必须事先做好的工作。施工准备工作不仅要在工程开工前做好，而且要贯穿于整个施工过程。施工准备的基本任务就是为施工项目建立一切必要的施工条件，确保施工生产顺利进行，确保工程质量符合要求。

1. 准备工作

1）设计交底和图纸会审

设计图纸是质量控制的核心依据，为确保施工承包单位全面理解图纸内容，包括工程特性、设计初衷、工艺要求及质量标准，同时减少图纸中的潜在错误，防范质量风险，设计交底与图纸会审工作不可或缺。

（1）设计交底：设计交底应遵循以下流程：首先，由设计单位详细阐述设计意图、结构特性、施工及工艺要求、技术措施，以及关键注意事项；其次，施工单位需提出图纸中的疑问与技术难题；最后，通过深入讨论与协商，共同制定解决方案，并撰写会议纪要，为设计图纸的完善与施工服务提供有力支持。

（2）图纸会审：施工图纸是工程施工的直接指导。图纸会审作为监理单位、设计单位和施工单位共同进行的质量控制关键步骤，旨在全面理解工程特性、设计初衷及关键部位的质量要求，进而发现并减少设计错误。

2）设计图纸的变更及其控制

设计图纸变更的要求可能来自业主或监理工程师，也可能来自设计单位或施工承包单位。在各种情况下，均应通过监理工程师审查并组织有关方面论证。确认其必要性后，由监理工程师发布变更令方能生效并予以实施。

3）施工现场场地及道路的准备

为了保证顺利施工，应按照施工的需要，事先划定并提供给承包商占有和使用现场场地。如果在现场的某一区域内需要不同的施工承包单位同时或先后施工、使用，就应根据施工总进度计划的安排，规定他们各自占用的时间和先后顺序，并在施工总平面图中详细注明各工作区的位置及占用时间，以及道路、水、电及通信线路。

2. 施工承包单位资质的核查

施工企业按照其承包工程能力，划分为施工总承包企业、专业承包企业和劳务分包企业三个序列。

1）施工总承包企业

获得施工总承包资质的企业，可对工程实行施工总承包或者对主体工程实行施工承包，施工总承包企业可以将承包的工程全部自行施工，也可将非主体工程或者劳务作业分包给具有相应专业承包资质或者劳务分包资质的其他建筑业企业。施工总承包企业的资质按专业类别共分为12个资质类别，每一个资质类别又分为特级、一级、二级、三级或特级、一级、二级。

2）专业承包企业

获得专业承包资质的企业，可承接施工总承包企业分包的专业工程或者建设单位按照规定发包的专业工程。专业承包企业可以对所承接的工程全部自行施工，也可以将劳务作业分包给具有相应劳务分包资质的劳务分包企业。按专业类别，专业承包企业资质共分为60个资质类别，每一个资质类别又分为一级、二级、三级或不分级。

3）劳务分包企业

获得劳务分包资质的企业，可以承接施工总承包企业或者专业承包企业分包的劳务作业。

劳务分包企业有13个资质类别,如木工作业、砌筑作业、钢筋作业、架线作业等。有的资质类别分为若干级,有的则不分级,如木工作业、砌筑作业、钢筋作业劳务分包企业,资质分为一级、二级;油漆、架线等作业劳务分包企业则不分级。

3. 施工组织设计的审查

1) 审查施工组织设计时应掌握的原则

(1) 施工组织设计的编制、审查和批准应符合规定的程序。

(2) 施工组织设计应符合国家的技术政策,充分考虑承包合同规定的条件、施工现场条件及法规条件的要求,突出“质量第一、安全第一”的原则。

(3) 施工组织设计的针对性:承包单位是否了解并掌握了本工程的特点及难点,施工条件是否分析充分。

(4) 施工组织设计的可操作性:承包单位是否有能力执行并保证工期和质量目标,该施工组织设计是否切实可行。

(5) 技术方案的先进性:施工组织设计采用的技术方案和措施是否先进适用,技术是否成熟。

(6) 质量管理和技术管理体系,质量保证措施是否健全且切实可行。

(7) 安全、环保、消防和文明施工措施是否切实可行并符合有关规定。

(8) 在满足合同和法规要求的前提下,对施工组织设计的审查,应尊重承包单位的自主技术决策和管理决策。

2) 施工组织设计审查的注意事项

(1) 重要的分部、分项工程的施工方案,承包单位在开工前应提交详细说明,以完成该项工程的施工方法、施工机械设备及人员配备与组织、质量管理措施,以及进度安排等。

(2) 在施工顺序上应符合“先地下、后地上,先土建、后设备,先主体、后围护”的基本规律。所谓“先地下、后地上”,是指地上工程开工前,应尽量把管道、线路等地下设施和土方与基础工程完成,以避免干扰,造成浪费,影响质量。此外,施工流向要合理,即平面上和立面上都要考虑施工的质量保证与安全保证;考虑使用的先后和区段的划分,与材料、构配件的运输不发生冲突。

(3) 施工方案与施工进度计划的一致性。施工进度计划的编制应以确定的施工方案为依据,正确体现施工的总体部署、流向顺序及工艺关系等。

(4) 施工方案与施工平面图布置的协调一致。施工平面图的静态布置内容有临时施工供水供电供热、供气管道、施工道路、临时办公房屋、物资仓库等;动态布置内容有施工材料模板、工具器具等。应做到布置有序,有利于各阶段施工方案的实施。

4. 现场施工准备的质量控制

(1) 工程的测量放线是工程产品由设计转化为实物的第一步,测量放线的质量,直接影响建筑工程产品的质量,并制约有关施工过程中相关工序的质量。因此,工程测量的控制是施工事前控制的一项重要内容。施工承包单位按照建设单位(或其委托的单位)给定的原始基准点、基准线和标高等测量控制点进行准确的测量放线,建立施工测量控制网,并应对其正确性负责,同时做好基桩的保护工作。

(2) 承包单位对施工现场进行布置。施工现场总体布置要合理,有利于保证施工的正常、顺利进行;有利于保证质量;要对场区的道路、防洪排水、器材存放、给水及供电、混凝土供应及主要垂直运输机械设备布置等方面予以重视。

6.4.2　施工阶段的质量控制方法

1. 作业技术准备状态的控制

所谓作业技术准备状态，是指各项施工准备工作在正式开展作业技术活动前，是否按预先计划的安排落实到位的状况。作业技术准备状态的控制，应着重抓好以下环节的工作。

1）作业技术交底

承包单位做好技术交底，是取得良好施工质量的条件之一。在每个分项工程施工前，均应做好技术交底，作业技术交底是对项目施工组织计划或施工方案的具体化，是更细致、明确和更加具体的项目技术实施方案，是工序施工或分项工程施工的具体指导文件。为做好技术交底，项目部必须由主管技术人员编制技术交底书，并经项目总工程师批准。技术交底及应急方案。没有做好技术交底的工序或分项工程之前，不得正式实施。

2）进场材料构配件的质量控制

（1）凡运到施工现场的原材料、半成品或构配件，进场前应提交"工程材料、构配件、设备报审表"，同时附有产品出厂合格证及技术说明书，由施工承包单位按规定要求进行检验或试验，经审查并确认其质量合格后，方准进场。

（2）进口材料的检查、验收，应会同国家商检部门进行。

（3）材料构配件存放条件的控制，对已经进场的材料也应进行质量控制，防止由于存放保管不良导致材料质量变化，应加强对材料的质量监控。

（4）对于某些当地材料及现场配制的制品，一般要求承包单位事先进行试验，达到要求标准的方可施工。

3）环境状态的控制

（1）施工作业环境的控制：所谓作业环境条件，主要是指如水、电或动力供应、施工照明、安全防护设备、施工场地空间条件和通道，以及交通运输和道路条件等。这些条件是否良好，直接影响到施工活动能否顺利进行及施工质量的好坏。

（2）施工质量管理环境的控制：施工质量管理环境主要是指：施工承包单位的质量管理体系和质量控制自检系统是否处于良好的状态，系统的组织结构、管理制度、检测制度、检测标准、人员配备等方面是否完善和明确，质量责任制是否落实。质量管理环境是保证作业效果的重要前提。

（3）现场自然环境条件的控制：施工承包单位对于未来施工期间，自然环境条件可能出现对施工作业质量不利影响的情况，事先要有充分的认识并已做好充足的准备和采取了有效措施与对策以保证工程质量。

2. 作业技术活动运行过程的控制

施工作业过程是由一系列相互联系与制约的作业活动构成的，因此保证作业活动的效果与质量是施工过程质量控制的基础。

1）承包单位自检

承包单位是施工质量的直接实施者和责任者。承包单位必须有一整套的自检系统，具有相应的检测仪器，并配备专职的质检人员。承包单位的自检体系包括以下几点。

（1）作业活动的作业者在作业结束后必须进行自检。

（2）不同工序交接、转换必须由相关人员交接检查。

(3) 承包单位专职质检员的专项检查。

2) 技术复核工作

技术复核是承包单位应履行的技术工作责任,其复核结果应报送复验确认后,才能进行后续相关的施工。常见的施工测量复核有如下方面。

(1) 民用建筑的测量复核:建筑物定位测量、基础施工测量、墙体皮数杆检测、楼层轴线检测、楼层间高层传递检测等。

(2) 工业建筑测量复核:厂房控制网测量、桩基施工测量、柱模轴线与高程检测、厂房结构安装定位检测、动力设备基础与预埋螺栓检测。

(3) 高层建筑测量复核:建筑场地控制测量、基础以上的平面与高程控制、建筑物施工过程中沉降变形观测等。

(4) 管线工程测量复核:管网或输配电线路定位测量、地下管线施工检测、架空管线施工检测、多管线交会点高程检测等。

3) 见证取样送检工作

见证取样是指对工程项目使用的材料、半成品、构配件的现场取样及工序活动效果的检查实施见证。为确保工程质量,2011 年住房与城乡建设部颁布了《房屋建筑工程与市政基础设施工程实行见证取样与送检的规定》,规定指出,在市政工程及房屋建筑工程项目中,对工程材料、承重结构的混凝土试块、承重墙体的砂浆试块、结构工程的受力钢筋(包括接头)实行见证取样。见证取样的要求如下。

(1) 国务院建设行政主管部门,负责对全国建筑工程与市政工程的见证取样与送检工作进行统一的管理,县以上建设行政主管部门对本行政区内的房屋建筑工程与市政基础设施工程的见证取样与送检工作进行监督管理。

(2) 涉及结构安全的试块、试件和材料的见证取样和送检的比例不得低于相关技术标准规定应取样的 30%。

(3) 承担检测任务的实验室必须有省级以上建设行政主管部门的认证。

(4) 规定中指出了必须见证取样和送检的试块、试样和材料。

(5) 见证人员必须由建设单位或工程监理单位具备施工与材料检测知识的专业技术人员担任,并由建设单位或工程监理单位书面通知承包单位、检测单位和工程质量监督机构。

(6) 见证取样人员应在试样或其包装物上作出标记、标识,并作好送检记录。

(7) 检测单位应按照相关管理规定与技术标准进行检测,出具公正、真实、准确、翔实的检测报告。

4) 工程变更

(1) 承包单位对技术修改要求的处理。

承包单位提出技术修改的要求时,应提交"工程变更单",在该表中应说明要求修改的内容及原因或理由,并附图和有关文件。

这种变更是指施工期间,对于设计单位在设计图纸和设计文件中所表达的设计标准状态的改变和修改。这种变更一般会涉及设计单位重新出图的问题。如果变更涉及结构主体及安全,该工程变更还要按有关规定报送施工图原审查单位进行审批,否则变更不能实施。

(2) 设计单位提出变更的处理。

设计单位首先将"设计变更通知"及有关附件报送建设单位。建设单位会同监理、施工承包单位对设计单位提交的“设计变更通知”进行研究，必要时设计单位尚需提供进一步的资料，以便对变更作出决定。

(3) 建设单位(监理工程师)要求变更的处理。

建设单位(监理工程师)将变更的要求通知设计单位，如果在要求中包括有相应的方案或建议，则应一并报送设计单位；否则，变更要求由设计单位研究解决。在提供审查的变更要求中，应列出所有受该变更影响的图纸、文件清单。设计单位对“工程变更单”进行研究。

需要注意的是，在工程施工过程中，无论是建设单位还是施工单位及设计单位提出的工程变更或图纸修改，都应经有关方面研究，确认其必要性后方能生效予以实施。

5) 材料管理质量监控

建设工程中，由于不同原材料的级配，配合及拌制后的产品对最终工程质量有重要的影响。因此，要做好相关的质量控制工作。

(1) 拌和原材料的质量控制。使用的原材料除本身的质量符合特定的要求外，材料本身的级配也必须符合相关规定。

(2) 材料配合比的审查。根据设计要求，承包单位首先进行理论配合比设计，进行试配试验后，确认 2～3 个能满足要求的理论配合比提交审查。

(3) 现场作业的质量控制。检查现场拌和设备与计量装置，投入原材料按配合比试生产，必要时要对材料的配合比作出调整，调整时按技术复核的程序与要求进行。

6) 质量记录资料的控制

质量记录是承包单位实施质量活动的记录，详细记录了工程施工阶段质量控制活动的全过程。质量记录资料包括以下三方面的内容。

(1) 施工现场质量管理检查记录资料。主要包括承包单位的质量管理制度；主要专业操作工种的上岗证，分包单位的资质及总包单位对分包单位的管理制度；施工组织设计，施工方案及审批记录，工程质量检测制度，现场材料的现场存放与管理制度。

(2) 工程材料质量记录。主要有各种材料、半成品、构配件的质量证明材料，各种合格证，材料的复试报告，设备进场维修记录及运行记录。

(3) 施工过程作业活动质量记录资料。主要有各检验批、分项工程、分部工程、单位工程的质量活动记录。施工或安装过程可按分项、分部、单位工程建立相应的质量记录资料。施工质量记录资料应真实、齐全、完整，相关各方人员的签字齐备、字迹清楚、结论明确，与施工过程的进展同步。

3. 施工过程的控制

1) 隐蔽工程验收

隐蔽工程验收是指将被其后续工程施工所隐蔽的分项、分部工程，在隐蔽前所进行的检查验收。它是对一些已完分项、分部工程质量的最后一道检查，由于检查对象将要被其他工程覆盖，会给以后的检查整改造成障碍，所以它是建筑工程施工质量控制的重点。

工作程序：隐蔽前施工→隐蔽工程准备→通知监理/甲方检查→隐蔽前相关试验→试验合格(不合格退回上一步)→办理隐蔽工程合格签证→隐蔽→完成。

2) 检验批、分项工程、分部工程的验收

检验批是质量验收的最小单位。检验批(如分项工程、分部工程)完成后，承包单位应自行检查验收，确认符合设计文件和相关验收规范的规定后，提交申请，予以检查、确认。

3) 单位工程或整个工程项目的竣工验收

在一个单位工程完工后或整个工程项目完成后,施工承包单位应先进行竣工自检,自检合格后,向项目监理机构提交《工程竣工报验单》,总监理工程师组织专业监理工程师进行竣工初验,验收合格后,参加由建设单位组织的正式竣工验收。

4) 不合格的处理

上道工序不合格,不准进入下道工序施工,不合格的材料、构配件、半成品不准进入施工现场且不允许使用,已经进场的不合格品应及时作出标识、记录,指定专人看管,避免用错,并限期清除出现场;不合格的工序或工程产品,不予计价。

5) 成品保护

成品保护一般是指在施工过程中,有些分项工程已经完成,而其他一些分项工程尚在施工;或者是在其分项工程施工过程中,某些部位已完成,而其他部位正在施工。成品保护的一般措施有:防护、包裹、覆盖、封闭、合理安排施工顺序等。

6.5 建设工程项目质量事故的认定与处理

6.5.1 工程质量问题和质量事故的认定

1. 工程质量不合格

1) 质量不合格和质量缺陷

根据我国国家标准《质量管理体系基础和术语》GB/T 19000－2016/ISO9000:2015 的定义,工程产品未满足质量要求,即为质量不合格;而与预期或规定用途有关的质量不合格,称为质量缺陷。

2) 质量问题和质量事故

凡是工程质量不合格,影响使用功能或工程结构安全,造成永久质量缺陷或存在重大质量隐患,甚至直接导致工程倒塌或人身伤亡,必须进行返修、加固或报废处理,按照由此造成人员伤亡和直接经济损失的大小区分,在规定限额以下的为质量问题,在规定限额以上的为质量事故。

2. 工程质量事故

根据住房和城乡建设部《关于做好房屋建筑和市政基础设施工程质量事故报告和调查处理工作的通知》(建质〔2010〕111 号),工程质量事故是指由于建设、勘察、设计、施工、监理等单位违反工程质量有关法律法规和工程建设标准,使工程产生结构安全、重要使用功能等方面的质量缺陷,造成人身伤亡或者重大经济损失的事故。

工程质量事故具有成因复杂、后果严重、种类繁多、往往与安全事故共生的特点,建设工程质量事故的分类有多种方法,不同专业工程类别对工程质量事故的等级划分也不尽相同。

1) 按事故造成损失的程度分级

建质〔2010〕111 号文根据工程质量事故造成的人员伤亡或者直接经济损失,将工程质量事故分为 4 个等级:

(1) 特别重大事故,是指造成 30 人以上死亡,或者 100 人以上重伤,或者 1 亿元以上直接经济损失的事故。

(2) 重大事故，是指造成 10 人以上 30 人以下死亡，或者 50 人以上 100 人以下重伤，或者 5 000 万元以上 1 亿元以下直接经济损失的事故。

(3) 较大事故，是指造成 3 人以上 10 人以下死亡，或者 10 人以上 50 人以下重伤，或者 1 000 万元以上 5 000 万元以下直接经济损失的事故。

(4) 一般事故，是指造成 3 人以下死亡，或者 10 人以下重伤，或者 100 万元以上 1 000 万元以下直接经济损失的事故。

该等级划分所称的“以上”包括本数，所称的“以下”不包括本数。

2) 按事故责任分类

(1) 指导责任事故：指由于工程实施指导或领导失误而造成的质量事故。例如，由于工程负责人片面追求施工进度，放松或不按质量标准进行控制和检验，降低施工质量标准等。

(2) 操作责任事故：指在施工过程中，由于实施操作者不按规程和标准实施操作，而造成的质量事故。例如，浇筑混凝土时随意加水，或振捣疏漏造成混凝土质量事故等。

(3) 自然灾害事故：指由于突发的严重自然灾害等不可抗力造成的质量事故。例如，地震、台风、暴雨、雷电、洪水等对工程造成破坏甚至倒塌。这类事故虽然不是人为责任直接造成，但灾害事故造成的损失程度也往往与人们是否在事前采取了有效的预防措施有关，相关责任人员也可能负有一定责任。

6.5.2 施工质量问题和质量事故的处理

1. 施工质量事故处理的依据

1) 质量事故的实况资料

包括质量事故发生的时间、地点；质量事故状况的描述；质量事故发展变化的情况；有关质量事故的观测记录、事故现场状态的照片或录像；事故调查组调查研究所获得的第一手资料。

2) 有关合同及合同文件

包括工程承包合同、设计委托合同、设备与器材购销合同、监理合同及分包合同等。

3) 有关的技术文件和档案

主要是有关的设计文件（如施工图纸和技术说明）、与施工有关的技术文件、档案和资料（如施工方案、施工计划、施工记录、施工日志、有关建筑材料的质量证明资料、现场制备材料的质量证明资料、质量事故发生后对事故状况的观测记录、试验记录或试验报告等）。

4) 相关的建设法规

主要有《中华人民共和国建筑法》《建设工程质量管理条例》和《关于做好房屋建筑和市政基础设施工程质量事故报告和调查处理工作的通知》（建质〔2010〕111 号）等与工程质量及质量事故处理有关的法规，以及勘察、设计、施工、监理等单位资质管理和从业者资格管理方面的法规、建筑市场管理方面的法规，以及相关技术标准、规范、规程和管理办法等。

2. 施工质量事故报告和调查处理程序

1) 事故报告

工程质量事故发生后，事故现场有关人员应当立即向工程建设单位负责人报告；工程建设单位负责人接到报告后，应于 1 小时内向事故发生地县级以上人民政府住房和城乡建设主管部门及有关部门报告；如果同时发生安全事故，施工单位应当立即启动生产安全事故应急救援预案,组织抢救遇险人员,采取必要措施,防止事故危害扩大和次生、衍生灾害发生。情况紧急时,事故现场有关人员可直接向事故发生地县级以上政府主管部门报告。

事故报告应当包括下列内容。

(1) 事故发生的时间、地点、工程项目名称、工程各参建单位名称。

(2) 事故发生的简要经过、伤亡人数和初步估计的直接经济损失。

(3) 事故原因的初步判断。

(4) 事故发生后采取的措施及事故控制情况。

(5) 事故报告单位、联系人及联系方式。

(6) 其他应当报告的情况。

2) 事故调查

事故调查要按规定区分事故的大小分别由相应级别的人民政府直接或授权委托有关部门组织事故调查组进行调查。未造成人员伤亡的一般事故,县级人民政府也可以委托事故发生单位组织事故调查组进行调查。事故调查应力求及时、客观、全面,以便为事故的分析与处理提供正确的依据。调查结果要整理并撰写成事故调查报告,其主要内容应包括如下内容。

(1) 事故项目及各参建单位概况。

(2) 事故发生经过和事故救援情况。

(3) 事故造成的人员伤亡和直接经济损失。

(4) 事故项目有关质量检测报告和技术分析报告。

(5) 事故发生的原因和事故性质。

(6) 事故责任的认定和对事故责任者的处理建议。

(7) 事故防范和整改措施。

3) 事故的原因分析

原因分析要建立在事故情况调查的基础上,避免情况不明就主观推断事故的原因。特别是对涉及勘察、设计、施工、材料和管理等方面的质量事故,事故的原因往往错综复杂,因此,必须对调查所得到的数据、资料进行仔细的分析,依据国家有关法律法规和工程建设标准分析事故的直接原因和间接原因,必要时组织对事故项目进行检测鉴定和专家技术论证,去伪存真,找出造成事故的主要原因。

4) 制定事故处理的技术方案

事故的处理要建立在原因分析的基础上,要广泛地听取专家及有关方面的意见,经科学论证,决定事故是否要进行技术处理和怎样处理。在制定事故处理的技术方案时,应做到安全可靠、技术可行、不留隐患、经济合理、具有可操作性、满足项目的安全和使用功能要求。

5) 事故处理

事故处理的内容包括:事故的技术处理,按经过论证的技术方案进行处理,解决事故造成的质量缺陷问题;事故的责任处罚,依据有关人民政府对事故调查报告的批复和有关法律法规的规定,对事故相关责任者实施行政处罚,负有事故责任的人员涉嫌犯罪的,依法追究刑事责任。

6) 事故处理的鉴定验收

质量事故的技术处理是否达到预期的目的,是否依然存在隐患,应当通过检查鉴定和验收作出确认。事故处理的质量检查鉴定,应严格按施工验收规范和相关质量标准的规定进行,必要时还应通过实际量测、试验和仪器检测等方法获取必要的数据，以便准确地对事故处理的结果作出鉴定，形成鉴定结论。

7）提交事故处理报告

事故处理后，必须尽快提交完整的事故处理报告，其内容包括：事故调查的原始资料、测试的数据；事故原因分析和论证结果；事故处理的依据；事故处理的技术方案及措施；实施技术处理过程中有关的数据、记录、资料；检查验收记录；对事故相关责任者的处罚情况和事故处理的结论等。

3. 施工质量事故处理的基本要求

（1）质量事故的处理应达到安全可靠、不留隐患、满足生产和使用要求、施工方便、经济合理的目的。

（2）消除造成事故的原因，注意综合治理，防止事故再次发生。

（3）正确确定技术处理的范围和正确选择处理的时间和方法。

（4）切实做好事故处理的检查验收工作，认真落实防范措施。

（5）确保事故处理期间的安全。

4. 施工质量缺陷处理的基本方法

1）返修处理

当项目的某些部分的质量虽未达到规范、标准或设计规定的要求，存在一定的缺陷，但经过采取整修等措施后可以达到要求的质量标准，又不影响使用功能或外观的要求时，可采取返修处理的方法。例如，某些混凝土结构表面出现蜂窝、麻面，或者混凝土结构局部出现损伤，如结构受撞击、局部未振实、冻害、火灾、酸类腐蚀、碱骨料反应等，当这些缺陷或损伤仅仅在结构的表面或局部，不影响其使用和外观，可进行返修处理。再比如，对混凝土结构出现裂缝，经分析研究认为不影响结构的安全和使用功能时，也可采取返修处理。当裂缝宽度不大于 0.2 mm 时，可采用表面密封法；当裂缝宽度大于 0.3 mm 时，采用嵌缝密闭法；当裂缝较深时，则应采取灌浆修补的方法。

2）加固处理

主要是针对危及结构承载力的质量缺陷的处理。通过加固处理，使建筑结构恢复或提高承载力，重新满足结构安全性与可靠性的要求，使结构能继续使用或改作其他用途。对混凝土结构常用的加固方法主要有增大截面加固法、外包角钢加固法、粘钢加固法、增设支点加固法、增设剪力墙加固法、预应力加固法等。

3）返工处理

当工程质量缺陷经过返修、加固处理后仍不能满足规定的质量标准要求，或不具备补救可能性，则必须采取重新制作、重新施工的返工处理措施。例如，某防洪堤坝填筑压实后，其压实土的干密度未达到规定值，经核算将影响土体的稳定且不满足抗渗能力的要求，须挖除不合格土，重新填筑，重新施工；某公路桥梁工程预应力按规定张拉系数为 1.3，而实际仅为 0.8，属严重的质量缺陷，也无法修补，只能重新制作。再比如，某专用宿舍楼施工中，有几层的混凝土结构误用了安定性不合格的水泥，无法采用其他补救办法，不得不爆破拆除重新浇筑。

4）限制使用

当工程质量缺陷按修补方法处理后无法保证达到规定的使用要求和安全要求，而又无法返工处理的情况下，不得已时可作出诸如结构卸荷或减荷及限制使用的决定。

5）不作处理

某些工程质量问题虽然达不到规定的要求或标准，但其情况不严重，对结构安全或使用功能影响很小，经过分析、论证、法定检测单位鉴定和设计单位等认可后可不作专门处理。一般可不作专门处理的情况有以下几种：

（1）不影响结构安全和使用功能的。例如，有的工业建筑物出现放线定位的偏差，且严重超过规范标准规定，若要纠正会造成重大经济损失，但经过分析、论证其偏差不影响生产工艺和正常使用，在外观上也无明显影响，可不作处理。又如，某些部位的混凝土表面的裂缝，经检查分析，属于表面养护不够的干缩微裂，不影响安全和外观，也可不作处理。

（2）后道工序可以弥补的质量缺陷。例如，混凝土结构表面的轻微麻面，可通过后续的抹灰、刮涂、喷涂等弥补，也可不作处理。再比如，混凝土现浇楼面的平整度偏差达到 10 mm，但由于后续垫层和面层的施工可以弥补，所以也可不作处理。

（3）法定检测单位鉴定合格的。例如，某检验批混凝土试块强度值不满足规范要求，强度不足，但经法定检测单位对混凝土实体强度进行实际检测后，其实际强度达到规范允许值和设计要求值时，可不作处理。经检测未达到要求值，但强度相差不多，经分析论证，只要使用前经再次检测达到设计强度，也可不作处理，但应严格控制施工荷载。

（4）出现的质量缺陷，经检测鉴定达不到设计要求，但经原设计单位核算，仍能满足结构安全和使用功能的。例如，某一结构构件截面尺寸不足，或材料强度不足，影响结构承载力，但按实际情况进行复核验算后仍能满足设计要求的承载力时，可不进行专门处理。这种做法实际上是挖掘设计潜力或降低设计的安全系数，应谨慎处理。

6）报废处理

出现质量事故的项目，经过分析或检测，采取上述处理方法后仍不能满足规定的质量要求或标准，则必须予以报废处理。

6.6　BIM5D 在质量管理中的应用

6.6.1　BIM5D 在质量控制流程中的应用

BIM5D 在质量控制流程中的应用主要体现在以下几个方面。

首先，BIM5D 提供了三维可视化的质量检查点管理工具，项目团队可以基于 BIM 模型快速定位并标记关键质量检查点，确保这些点得到重点关注和检查。例如，在某专用宿舍楼项目中，通过 BIM5D 平台，项目团队成功标记了上千个关键质量检查点，有效提升了质量检查的效率和准确性。

其次，BIM5D 支持质量缺陷的自动识别与整改。通过集成先进的图像识别和数据分析技术，BIM5D 能够自动检测施工过程中的质量缺陷，并生成详细的整改报告。这大大减少了人工检查的工作量，提高了质量控制的效率和准确性。据统计，采用 BIM5D 进行质量缺陷识别与整改的项目，其质量缺陷率降低了 30%以上。

再次，BIM5D 还支持质量验收的标准化应用。通过制定统一的验收标准和流程，BIM5D 能够确保每个验收环节都符合规范要求，减少人为因素对验收结果的影响。在某桥梁工程项目中,项目团队利用 BIM5D 平台制订了详细的验收标准和流程,并通过 BIM 模型进行模拟验收,有效提高了验收的准确性和效率。

最后,BIM5D 还支持质量追溯与数据分析。通过记录施工过程中的各项质量数据,BIM5D 能够实现对质量问题的追溯和分析,为项目团队提供决策支持。同时,BIM5D 还能够对质量数据进行统计分析,帮助项目团队识别潜在的质量风险并制订相应的应对措施。正如著名质量管理专家约瑟夫 · 朱兰所说:“质量是免费的,但它需要投入。”通过 BIM5D 在质量控制流程中的应用,项目团队能够实现对质量的全面管理和控制,确保工程质量和安全。

6.6.2　利用 BIM5D 进行质量检查点管理

在实际应用中,BIM5D 允许项目团队根据工程特点和施工计划,在模型中设置关键的质量检查点,如混凝土浇筑的密实度、钢筋连接的牢固性等。这些检查点通过 BIM5D 的可视化功能,可以直观地展示在三维模型中,使项目团队能够清晰地了解每个检查点的位置和重要性。

在对质量检查点进行管理过程中,BIM5D 的数据集成功能发挥了重要作用。通过与施工现场的传感器、测量仪器等设备连接,BIM5D 能够实时采集和处理与检查点相关的数据。例如,通过测量仪器获取混凝土浇筑后的密实度数据,BIM5D 可以自动将这些数据与预设的质量标准进行对比,从而判断该检查点是否合格。

此外,BIM5D 还提供了强大的数据分析功能,帮助项目团队对质量检查点进行更深入的分析。通过对历史数据的挖掘和分析,BIM5D 可以识别出潜在的质量问题,并预测未来的质量趋势。这种预测性分析能力使项目团队能够提前采取措施,避免质量问题的发生。

以某专用宿舍楼项目为例,项目团队利用 BIM5D 进行质量检查点管理,如图 6.1 所示。在混凝土浇筑阶段,项目团队在 BIM5D 中设置了多个关键的质量检查点,并通过传感器实时采集了浇筑后的密实度数据。通过 BIM5D 的数据分析功能,项目团队发现某区域的密实度数据异常,可能存在质量问题。于是,项目团队立即对该区域进行了重新浇筑,并加强了后续的质量监控。最终,该项目成功通过了质量验收,并获得了业主的高度评价。

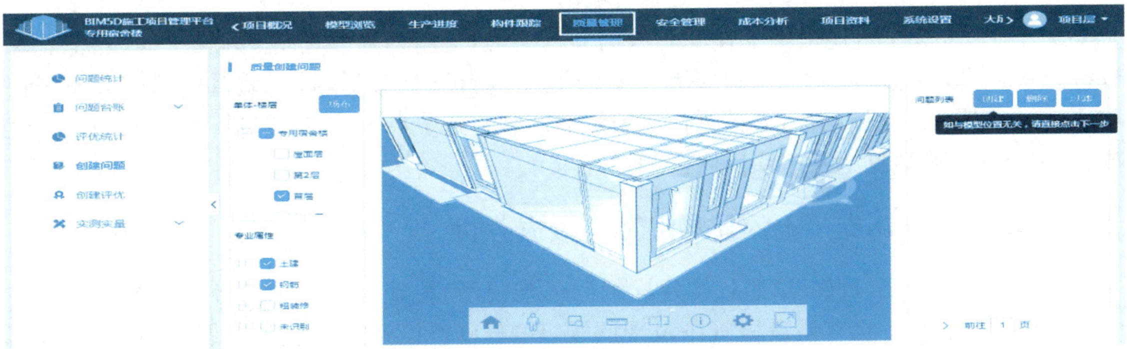

图 6.1　质量问题创建

综上所述,利用 BIM5D 进行质量检查点管理,不仅可以提高项目管理的效率和准确性,还可以有效保障工程质量。通过 BIM5D 的可视化、数据集成和数据分析功能,项目团队能够实时跟踪和监控质量检查点的状态,及时发现并解决问题,确保工程质量的稳定和可靠。

6.6.3 基于 BIM5D 的质量缺陷识别与整改

在实际应用中,BIM5D 通过集成各种传感器和监测设备,实时收集施工现场的数据,如温度、湿度、材料强度等。这些数据与 BIM 模型相结合,可以形成丰富的数据集,为质量缺陷的识别提供有力依据。例如,在某专用宿舍楼项目中,BIM5D 通过分析混凝土浇筑过程中的温度数据,成功识别出因温度控制不当导致的裂缝风险,并及时采取了补救措施,避免了质量事故的发生。

在质量缺陷的整改过程中,BIM5D 同样发挥了重要作用。通过 BIM 模型,项目团队可以清晰地看到缺陷的位置、大小和性质,从而制订针对性的整改方案。同时,BIM5D 还支持多专业协同工作,确保整改方案的科学性和可行性。在某桥梁工程中,BIM5D 帮助项目团队快速定位了桥梁伸缩缝的质量缺陷,并通过模拟分析,提出了优化设计方案。经过整改后,桥梁的伸缩缝性能得到了显著提升,确保了桥梁的安全性和耐久性。

此外,BIM5D 还支持质量缺陷的数据分析和追溯。通过收集和分析历史数据,项目团队可以找出质量缺陷的根源,制订预防措施,避免类似问题的再次发生。同时,BIM5D 还可以将质量缺陷的整改过程记录在案,形成完整的质量追溯体系,为项目的质量管理和持续改进提供有力支持。

6.6.4 BIM5D 在质量验收中的标准化应用

在质量验收过程中,BIM5D 的标准化应用主要体现在以下几个方面。

首先,BIM5D 平台提供了丰富的质量验收模板和检查表,这些模板和检查表基于行业标准和项目要求制定,涵盖了从材料检验到施工过程的各个环节。项目团队可以根据实际情况选择适合的模板,快速生成质量验收文档,减少了传统方式下烦琐的文档编制工作。

其次,BIM5D 平台支持质量验收数据的实时录入和查询。在验收过程中,项目团队可以通过 BIM5D 平台实时录入验收数据,包括验收结果、问题记录等。这些数据将自动与 BIM 模型关联,形成可视化的质量验收报告。项目管理人员可以通过 BIM5D 平台随时查询验收数据,了解项目的质量状况,及时发现和解决问题。

此外,BIM5D 平台还提供了强大的数据分析功能,支持对质量验收数据进行深入挖掘和分析。项目团队可以利用 BIM5D 平台对验收数据进行统计分析,找出质量问题的分布规律和原因,为质量改进提供有力支持。同时,BIM5D 平台还支持与其他项目管理系统的数据集成,实现质量验收数据的共享和协同管理。

6.6.5 BIM5D 支持下的质量追溯与数据分析

在质量追溯方面,BIM5D 通过构建详细的三维模型,将施工过程中的各个环节与模型中的构件进行关联。一旦在质量检查中发现问题,BIM5D 可以迅速定位到问题构件,并追溯其施工过程中的所有相关信息,如材料来源、施工班组、施工时间等。这种追溯能力不仅有助于快速找到问题根源,还能为后续的整改提供有力依据。

在数据分析方面,BIM5D 集成了强大的数据分析工具,可以对质量数据进行深入挖掘和分析。通过对历史质量数据的分析,项目团队可以识别出常见的质量问题及其原因,进而制定针对性的预防措施。此外,BIM5D 还支持对质量数据进行可视化展示,通过图表、报告等形式直观地呈现项目质量状况，为项目决策提供有力支持。

以某大型综合体项目为例，该项目在质量管理中引入了 BIM5D 平台。在施工过程中，项目团队利用 BIM5D 对关键施工环节进行实时监控，并将质量数据实时录入系统。一旦发现质量问题，BIM5D 能够迅速定位问题构件，并追溯其施工过程中的所有信息。同时，项目团队还利用 BIM5D 对质量数据进行了深入分析，识别出了常见的质量问题及其原因，并制订了相应的预防措施。这些措施的实施有效降低了质量问题的发生率，提高了项目的整体质量水平。

【科普知识】

建筑行业中的 QC 活动小组：质量提升的先锋力量

在建筑行业这个充满挑战与机遇的领域中，确保工程项目的质量是至关重要的。为了实现这一目标，QC 活动小组应运而生，成为推动建筑质量持续改进和创新的关键力量。他们以团队合作的形式，运用各种科学的方法和工具，积极解决建筑施工过程中遇到的各类质量问题，为打造高质量的建筑工程立下了汗马功劳。

1. QC 活动小组的定义与组成

1）定义

QC 活动小组，全称为质量管理(quality control)活动小组，是由建筑企业内从事与工程建设相关工作的员工自愿组成，围绕建筑项目的质量改进、质量控制、质量创新等目标，开展一系列有组织、有计划活动的团队。这些小组通常以解决实际质量问题、提高工程质量水平、降低质量成本为宗旨，通过团队成员的共同努力，运用质量管理的理论和方法，实现建筑项目质量的全面提升。

2）组成

(1) 组长是 QC 活动小组的核心领导者，负责组织小组活动、制定活动计划、协调成员关系、与上级部门沟通等工作。组长需要具备较强的组织能力、沟通能力和质量管理知识，能够引导小组朝着既定目标前进。

(2) 组员来自建筑项目的不同岗位，包括项目经理、工程师、技术员、施工人员、质量检查员等。他们各自拥有不同的专业知识和技能，在小组中发挥着独特的作用。例如，工程师可以提供技术支持和解决方案；施工人员能够反馈现场实际情况；质量检查员则负责质量数据的收集和分析。组员们需要积极参与小组活动，提出问题和建议，共同为解决质量问题贡献力量。

2. QC 活动小组的活动流程

1）选题

(1) 问题来源：小组选题通常来源于建筑施工过程中实际遇到的质量问题或潜在的质量隐患。这些问题可能涉及工程结构的安全性、建筑材料的质量、施工工艺的合理性、施工环境的影响等方面。例如，混凝土裂缝的控制、墙体渗漏的防治、建筑节能效果的提升等都是常见的选题方向。

(2) 选题原则：选题应具有针对性、可行性、重要性和经济性。针对性是指要紧密围绕建筑项目的质量目标和实际需求，选择亟待解决的问题；可行性是指小组在技术、资源和时间等方面具备解决该问题的能力;重要性是指问题的解决对工程质量和项目效益具有显著影响;经济性是指在解决问题的过程中要考虑成本效益,确保投入与产出合理。

2) 现状调查

确定选题后,小组需要对问题的现状进行深入调查。这包括收集与问题相关的数据和信息,如质量问题的发生频率、严重程度、分布情况等;了解现有施工工艺、操作流程和管理措施;对相关人员进行访谈和问卷调查,获取他们对问题的看法和建议。通过现状调查,小组能够全面了解问题的现状和本质,为后续的原因分析和目标设定提供依据。

3) 设定目标

根据现状调查的结果,小组结合项目的质量要求和实际情况,设定明确、具体、可衡量的目标。目标应具有一定的挑战性,但同时也要切实可行。例如,将混凝土裂缝的发生率从当前的 * * %降低到 * * %;将墙体渗漏的投诉率降低至 * * %等。明确的目标能够为小组活动指明方向,激发成员的积极性和创造力。

4) 原因分析

为了找到导致质量问题的根本原因,小组运用各种质量分析工具和方法,如因果图、排列图、关联图等,对问题进行全面、深入的分析。从人、机、料、法、环等多个角度出发,找出可能影响质量的所有因素,并对这些因素进行逐一排查和验证。通过原因分析,小组能够确定问题的关键因素,为制定针对性的解决方案提供依据。

5) 制定对策

针对原因分析确定的关键因素,小组制定相应的对策措施。对策应具体、明确、可操作,并具有针对性和有效性。每项对策都要明确责任人、完成时间和检查标准。例如,为了解决混凝土裂缝问题,制定的对策可能包括优化混凝土配合比、加强混凝土浇筑过程中的振捣控制、改进混凝土养护方法等。在制定对策的过程中,小组充分发挥成员的智慧和经验,广泛征求意见,确保对策的可行性和有效性。

6) 实施对策

按照制定的对策措施,小组组织成员进行具体的实施。在实施过程中,责任人要认真履行职责,严格按照对策要求进行操作,并及时记录实施过程中的数据和情况。组长要加强对实施过程的监督和检查,确保对策的顺利实施。如遇到问题或困难,小组及时进行讨论和调整,确保实施工作的顺利进行。

7) 效果检查

对策实施完成后,小组对实施效果进行检查和评估。通过收集和分析相关数据,对比实施前后质量问题的改善情况,判断目标是否达成。如果目标未达成,小组要进一步分析原因,重新制定对策并实施;如果目标达成,小组要对取得的成果进行巩固和推广,防止问题再次发生。

8) 总结与展望

在活动结束后,小组对整个活动过程进行全面总结。总结内容包括活动的成果、经验教训、存在的问题和不足之处等。同时,小组对未来的工作提出展望和建议,为今后的 QC 活动提供参考和借鉴。通过总结与展望,小组不断提高自身的活动水平和质量改进能力。

建筑行业中的 QC 活动小组是一支充满活力和创造力的团队,他们在提高建筑工程质量、降低成本、提升员工素质、促进企业发展等方面发挥着重要作用。通过开展 QC 活动,小组能够有效地解决建筑施工过程中的质量问题,推动建筑行业质量管理水平的不断提高。在未来的建筑行业发展中，QC 活动小组将继续发挥其优势，不断创新和改进，为打造更多的优质建筑工程贡献力量。同时，企业也应高度重视 QC 活动小组的建设和发展，为小组提供必要的支持和保障，鼓励更多的员工参与 QC 活动，共同推动建筑行业的高质量发展。

【思考与练习】

模块 7

建设工程项目职业健康安全与环境管理

案例引入

在负责专用宿舍楼工程项目的安全管理工作中，安全总监承担着至关重要的角色。他首先着手建立了一套完善的项目安全管理体系，这一系统性的框架旨在确保整个工程项目的顺利进行，同时将安全风险降至最低。为了实现这一目标，安全总监精心制订了详尽的安全管理计划，该计划不仅涵盖了项目的所有阶段，还针对可能出现的各种潜在风险制订了相应的预防和应对措施。

在项目实施的过程中，安全总监始终保持着对施工现场的严密监控，他深知动态监控的重要性，这有助于及时发现并解决安全隐患。同时，他还定期进行风险评估，通过科学的方法和工具，对施工现场的安全状况进行全面的分析和判断，确保所有安全措施都能够得到切实的执行和遵守。

在职业健康安全领域，安全总监深知员工是项目成功的关键。因此，他组织并实施了一系列全面的员工安全培训计划，旨在提高员工的安全意识，强化他们的自我保护能力。这些培训内容不仅包括理论知识的传授，更注重实际操作技能的培养，确保每位员工都能够熟练掌握安全操作规程。

针对施工现场的特殊环境和作业特点，安全总监制订了详细的安全操作规程。这些规程为员工提供了明确的作业指导，确保他们在执行任务时能够遵循既定的安全标准。此外，为了进一步保障员工的安全，安全总监还配备了必要的安全防护设施，如安全帽、安全带、防护网等，这些设施在作业过程中为员工提供了坚实的保护。

在环境保护方面，安全总监同样表现出了高度的责任感和前瞻性。他深知施工活动可能会对周边环境造成影响，因此采取了一系列有效的环保措施。这些措施包括设置防尘网、定期洒水降尘、实施垃圾分类处理等，旨在减少施工过程中产生的噪声、粉尘等污染物对环境的影响。为了确保这些措施的有效性，安全总监还定期组织环境监测，通过科学的方法和技术手段，对施工现场的环境状况进行评估，确保所有污染物的排放均符合国家和地方的环保标准。

通过安全总监的不懈努力和团队的共同协作，专用宿舍楼工程项目在职业健康安全与环境管理方面取得了显著的成效。项目不仅顺利通过了相关部门的严格验收，还在行业内获得了广泛的认可和赞誉。这些成就的取得，不仅体现了安全总监的专业能力和领导力，也展示了项目团队对安全和环保的高度重视和承诺。

通过阅读上述案例，总结项目安全管理都有哪些内容。

课程目标

（1）了解职业健康安全管理包含的内容。
（2）掌握建设工程项目安全管理的内容和方法。
（3）了解 BIM5D 在安全管理中的应用。

7.1　建设工程项目职业健康安全与环境管理概述

职业健康安全与环境管理，简称 HSE 管理，是现代企业管理体系中不可或缺的一环。它涵盖了工作场所的安全、员工健康保护及环境影响的预防和控制等多个方面。随着社会的不断发展和进步，HSE 管理的重要性日益凸显，成为企业实现可持续发展、提升竞争力的重要保障。

在 HSE 管理中，首要任务是确保工作场所的安全。这包括对工作场所进行定期的安全检查，及时消除安全隐患；制订并落实安全操作规程，确保员工按照规范进行操作；加强安全培训，提高员工的安全意识和应急处理能力。通过这些措施，可以最大限度地减少事故发生的可能性，保障员工的生命安全和身体健康。

除了工作场所的安全外，HSE 管理还关注员工的健康保护。这包括为员工提供良好的工作环境和设施，如通风、照明、噪声控制等；定期进行职业健康检查，及时发现和治疗职业病；制订并实施健康促进计划，如提供健康饮食、加强体育锻炼等。通过这些措施，可以有效地提高员工的身体素质和心理健康水平，增强员工的归属感和忠诚度。

在环境管理方面，HSE 管理致力于减小企业活动对环境的影响。这包括采用环保技术和设备，减少污染物排放；开展节能减排活动，降低能源消耗和碳排放；加强废弃物的分类和处理，实现资源的循环利用。通过这些措施，企业可以降低对环境的影响，树立良好的企业形象，并为社会的可持续发展作出贡献。

总之，HSE 管理是企业实现可持续发展、提升竞争力的重要保障。它涵盖了工作场所的安全、员工健康保护及环境影响的预防和控制等多个方面。在未来的发展中，企业应继续加强 HSE 管理体系的建设和完善，不断提高管理水平和效果，为员工的健康和安全、环境的可持续发展作出更大的贡献。

7.2　建设工程项目安全生产管理

7.2.1　建设工程施工安全技术措施

1. 施工安全控制

1）安全控制的目标

安全控制的目标是减少和消除生产过程中的事故，保证人员健康安全和财产免受损失。具体应包括如下内容。

(1) 减少或消除人的不安全行为的目标。

(2) 减少或消除设备、材料的不安全状态的目标。

(3) 改善生产环境和保护自然环境的目标。

2) 施工安全的控制程序

(1) 确定每项具体建设工程项目的安全目标。

按目标管理方法在以项目经理为首的项目管理系统内进行分解,从而确定每个岗位的安全目标,实现全员安全控制。

(2) 编制建设工程项目安全技术措施计划。

工程施工安全技术措施计划是对生产过程中的不安全因素,用技术手段加以消除和控制的文件,是落实预防为主方针的具体体现,是进行工程项目安全控制的指导性文件。

(3) 安全技术措施计划的落实和实施。

安全技术措施计划的落实和实施包括建立健全安全生产责任制,设置安全生产设施,采用安全技术和应急措施,进行安全教育和培训、安全检查、事故处理、沟通和交流信息,通过一系列安全措施的贯彻,使生产作业的安全状况处于受控状态。

(4) 安全技术措施计划的验证。

安全技术措施计划的验证是通过施工过程中对安全技术措施计划实施情况的安全检查,纠正不符合安全技术措施计划的情况,保证安全技术措施的贯彻和实施。

(5) 持续改进根据安全技术措施计划的验证结果,对不适宜的安全技术措施计划进行修改、补充和完善。

2. 施工安全技术措施的一般要求和主要内容

1) 施工安全技术措施的一般要求

(1) 施工安全技术措施必须在工程开工前制订。

施工安全技术措施是施工组织设计的重要组成部分,应在工程开工前与施工组织设计一同编制。为保证各项安全设施的落实,在工程图纸会审时,就应特别注意考虑安全施工的问题,并在开工前制定好安全技术措施,使得用于该工程的各种安全设施有较充分的时间进行采购、制作和维护等准备工作。

(2) 施工安全技术措施要有全面性。

按照有关法律法规的要求,在编制工程施工组织设计时,应当根据工程特点制定相应的施工安全技术措施。对于大中型工程项目、结构复杂的重点工程,除必须在施工组织设计中编制施工安全技术措施外,还应编制专项工程施工安全技术措施,详细说明有关安全方面的防护要求和措施,确保单位工程或分部分项工程的施工安全。对爆破、拆除、起重吊装、水下、基坑支护和降水、土方开挖、脚手架、模板等危险性较大的作业,必须编制专项安全施工技术方案。

(3) 施工安全技术措施要有针对性。

施工安全技术措施是针对每项工程的特点制订的,编制安全技术措施的技术人员必须掌握工程概况、施工方法、施工环境、条件等第一手资料,并熟悉安全法规、标准等,才能制订有针对性的安全技术措施。

(4) 施工安全技术措施应力求全面、具体、可靠。

施工安全技术措施应把可能出现的各种不安全因素考虑周全,制订的对策措施方案应力求全面、具体、可靠,这样才能真正做到预防事故的发生。但是,全面具体不等于罗列一般通常的操作工艺、施工方法及日常安全工作制度、安全纪律等。这些制度性规定，安全技术措施中不需要再作抄录，但必须严格执行。

对大型群体工程或一些面积大、结构复杂的重点工程，除必须在施工组织总设计中编制施工安全技术总体措施外，还应编制单位工程或分部分项工程安全技术措施，详细地制订有关安全方面的防护要求和措施，确保该单位工程或分部分项工程的安全施工。

(5) 施工安全技术措施必须包括应急预案。

由于施工安全技术措施是在相应的工程施工实施之前制订的，所涉及的施工条件和危险情况大都是建立在可预测的基础上，而建设工程施工过程是开放的过程，在施工期间的变化是经常发生的，还可能出现预测不到的突发事件或灾害(如地震、火灾、台风、洪水等)。所以，施工技术措施计划必须包括面对突发事件或紧急状态的各种应急设施、人员逃生和救援预案，以便在紧急情况下，能及时启动应急预案，减少损失，保护人员安全。

(6) 施工安全技术措施要有可行性和可操作性。

施工安全技术措施应能够在每个施工工序之中得到贯彻实施，既要考虑保证安全要求，又要考虑现场环境条件和施工技术条件能够做得到。

2) 施工安全技术措施的主要内容

(1) 进入施工现场的安全规定。

(2) 地面及深槽作业的防护。

(3) 高处及立体交叉作业的防护。

(4) 施工用电安全。

(5) 施工机械设备的安全使用。

(6) 在采取“四新”技术时，必须采取有针对性的专门安全技术措施。

(7) 有针对自然灾害预防的安全措施。

(8) 预防有毒、有害、易燃、易爆等作业造成危害的安全技术措施。

(9) 现场消防措施。

安全技术措施中必须包含施工总平面图，在图中必须对危险的油库、易燃材料库、变电设备、材料和构配件的堆放位置、塔式起重机、物料提升机(如井架、龙门架)、施工用电梯、垂直运输设备位置、搅拌台的位置等按照施工需求和安全规程的要求明确定位，并提出具体要求。

结构复杂、危险性大、特性较多的分部分项工程，应编制专项施工方案和安全措施。如基坑支护与降水工程、土方开挖工程、模板工程、起重吊装工程、脚手架工程、拆除工程、爆破工程等，必须编制单项的安全技术措施，并要有设计依据、有计算、有详图、有文字要求。

季节性施工安全技术措施，就是考虑夏季、雨季、冬季等不同季节的气候对施工生产带来的不安全因素可能造成的各种突发性事故，而从防护上、技术上、管理上采取的防护措施。一般工程可在施工组织设计或施工方案的安全技术措施中编制季节性施工安全措施；危险性大、高温期长的工程，应单独编制季节性的施工安全措施。

7.2.2　安全技术交底

1. 安全技术交底的内容

安全技术交底是一项技术性很强的工作，对于贯彻设计意图、严格实施技术方案、按图施工、循规操作、保证施工质量和施工安全至关重要。

安全技术交底主要内容如下。

(1) 工程项目和分部分项工程的概况。

(2) 本施工项目的施工作业特点和危险点。

(3) 针对危险点的具体预防措施。

(4) 作业中应遵守的安全操作规程以及应注意的安全事项。

(5) 作业人员发现事故隐患应采取的措施。

(6) 发生事故后应及时采取的避难和急救措施。

2. 安全技术交底的要求

(1) 项目经理部必须实行逐级安全技术交底制度,纵向延伸到班组全体作业人员。

(2) 技术交底必须具体、明确,针对性强。

(3) 技术交底的内容应针对分部分项工程施工中给作业人员带来的潜在危险因素和存在问题。

(4) 应优先采用新的安全技术措施。

(5) 对于涉及"四新"项目或技术含量高、技术难度大的单项技术设计,必须经过两阶段技术交底,即初步设计技术交底和实施性施工图技术设计交底。

(6) 应将工程概况、施工方法、施工程序、安全技术措施等向工长、班组长进行详细交底。

(7) 定期向由两个以上作业队和多工种进行交叉施工的作业队伍进行书面交底。

(8) 保持书面安全技术交底签字记录。

7.2.3 安全生产检查监督的主要类型

1. 全面安全检查

全面检查应包括职业健康安全管理方针、管理组织机构及其安全管理的职责、安全设施、操作环境、防护用品、卫生条件、运输管理、危险品管理、火灾预防、安全教育和安全检查制度等项内容。对全面检查的结果必须进行汇总分析,详细探讨所出现的问题及相应对策。

2. 经常性安全检查

工程项目和班组应开展经常性安全检查,及时排除事故隐患。工作人员必须在工作前,对所用的机械设备和工具进行仔细的检查,发现问题立即上报。下班前,还必须进行班后检查,做好设备的维修保养和清整场地等工作,保证交接安全。

3. 专业或专职安全管理人员的专业安全检查

专业或专职安全管理人员在进行安全检查时,必须做到:不徇私情,按章检查,发现违章操作情况要立即纠正,发现隐患及时指出并提出相应防护措施,并及时上报检查结果。

4. 季节性安全检查

要对防风防沙、防涝抗旱、防雷电、防暑防雨雪灾害等工作进行季节性的检查,根据各个季节自然灾害的发生规律,及时采取相应的防护措施。

5. 节假日检查

在节假日,坚持上班的人员较少,往往容易放松思想警惕,容易发生意外,而且一旦发生意外事故,也难以进行有效的救援和控制。因此,节假日必须安排专业安全管理人员进行安全检查,对重点部位要进行巡视。同时配备一定数量的安全保卫人员,搞好安全保卫工作,决不能麻痹大意。

6. 要害部门重点安全检查

对于企业要害部门和重要设备必须进行重点检查。由于其重要性和特殊性，一旦发生意外，会给企业的经济效益和社会效益带来不良的影响，造成较大的伤害。为了确保安全，对设备的运转和零件的状况要定时进行检查，发现损伤立刻更换，决不能“带病”作业；已过有效年限即使没有故障，也应该予以更新，不能因小失大。

7.2.4　安全生产检查监督的主要内容

1. 查思想

检查企业领导和员工对安全生产方针的认识程度，对建立健全安全生产管理和安全生产规章制度的重视程度，对安全检查中发现的安全问题或安全隐患的处理态度等。

2. 查制度

为了实施安全生产管理制度，工程承包企业应结合本身的实际情况，建立健全一整套本企业的安全生产规章制度，并落实到具体的工程项目施工任务中。在安全检查时，应对企业的施工安全生产规章制度进行检查。施工安全生产规章制度一般应包括以下内容。

(1) 安全生产责任制度。
(2) 安全生产许可证制度。
(3) 安全生产教育培训制度。
(4) 安全措施计划制度。
(5) 特种作业人员持证上岗制度。
(6) 专项施工方案及专家论证制度。
(7) 危及施工安全的工艺、设备、材料淘汰制度。
(8) 施工起重机械使用登记制度。
(9) 生产安全事故报告和调查处理制度。
(10) 各种安全技术操作规程。
(11) 危险作业管理审批制度。
(12) 易燃、易爆、剧毒、放射性、腐蚀性等危险物品生产、储运、使用的安全管理制度。
(13) 防护物品的发放和使用制度。
(14) 安全用电制度。
(15) 危险场所动火作业审批制度。
(16) 防火、防爆、防雷、防静电制度。
(17) 危险岗位巡回检查制度。
(18) 安全标识管理制度。

3. 查管理

主要检查安全生产管理是否有效，安全生产管理和规章制度是否真正得到落实。

4. 查隐患

主要检查生产作业现场是否符合安全生产要求，检查人员应深入作业现场，检查工人的劳动条件、卫生设施、安全通道，零部件的存放，防护设施状况，电气设备、压力容器、化学用品的储存，粉尘及有毒有害作业部位点的达标情况，车间内的通风照明设施，个人劳动防护用品的使用是否符合规定等。要特别注意对一些要害部位和设备加强检查，如锅炉房、变电所、各种剧毒、易燃、易爆等场所。

5. 查整改

主要检查对过去提出的安全问题和发生安全生产事故及安全隐患后是否采取了安全技术措施和安全管理措施，进行整改的效果如何。

6. 查事故处理

检查对伤亡事故是否及时报告，对责任人是否已经作出严肃处理。在安全检查中必须成立一个适应安全检查工作需要的检查组，配备适当的人力物力。检查结束后应编写安全检查报告，说明已达标项目、未达标项目、存在问题、原因分析，给出纠正和预防措施的建议。

7.2.5 建设工程安全的隐患

建设工程安全隐患包括三个部分的不安全因素：人的不安全因素、物的不安全状态和组织管理上的不安全因素。

1. 人的不安全因素

人的不安全因素有：能够使系统发生故障或发生性能不良的事件的个人的不安全因素和违背安全要求的错误行为。

1) 个人的不安全因素

包括人员的心理、生理、能力中所具有不能适应工作、作业岗位要求的影响安全的因素。

(1) 心理上的不安全因素有影响安全的性格、气质和情绪(如急躁、懒散、粗心等)。

(2) 生理上的不安全因素大致有5个方面。

① 视觉、听觉等感觉器官不能适应作业岗位要求的因素。

② 体能无法适应作业岗位要求的因素。

③ 年龄不能适应作业岗位要求的因素。

④ 有不适合作业岗位要求的疾病。

⑤ 疲劳和酒醉或感觉朦胧。

(3) 能力上的不安全因素包括知识技能、应变能力、资格等无法适应工作和作业岗位要求的影响因素。

2) 人的不安全行为

人的不安全行为是指能造成事故的人为错误，是人为地使系统发生故障或发生性能不良事件，是违背设计和操作规程的错误行为。不安全行为的类型主要有如下内容。

(1) 操作失误、忽视安全、忽视警告。

(2) 造成安全装置失效。

(3) 使用不安全设备。

(4) 手代替工具操作。

(5) 危险物品存放不当。

(6) 冒险进入危险场所。

(7) 攀坐不安全位置。

(8) 在起吊物下作业、停留。

(9) 在机器运转时进行检查、维修、保养。

(10) 有分散注意力的行为。

(11) 未正确使用个人防护用品、用具。
(12) 穿着不安全装束。
(13) 对易燃易爆等危险物品处理错误。

2. 物的不安全状态

物的不安全状态是指能导致事故发生的物质条件,包括机械设备或环境所存在的不安全因素。

1) 物的不安全状态的内容

(1) 物本身存在的缺陷。
(2) 防护保险方面的缺陷。
(3) 物的放置方法的缺陷。
(4) 作业环境场所的缺陷。
(5) 外部的和自然界的不安全状态。
(6) 作业方法导致的物的不安全状态。
(7) 保护器具信号、标识和个体防护用品的缺陷。

2) 物的不安全状态的类型

(1) 防护等装置缺陷。
(2) 设备、设施等缺陷。
(3) 个人防护用品缺陷。
(4) 生产场地环境的缺陷。

3. 组织管理上的不安全因素

组织管理上的缺陷,也是事故潜在的不安全因素,作为间接的原因有以下方面。
(1) 技术上的缺陷。
(2) 教育上的缺陷。
(3) 生理上的缺陷。
(4) 心理上的缺陷。
(5) 管理工作上的缺陷。
(6) 学校教育和社会、历史上的原因造成的缺陷。

7.2.6 建设工程安全隐患的处理

在工程建设过程中,安全事故隐患是难以避免的,但要尽可能预防和消除安全事故隐患的发生。首先需要项目参与各方加强安全意识,做好事前控制,建立健全各项安全生产管理制度,落实安全生产责任制,注重安全生产教育培训,保证安全生产条件所需资金的投入,将安全隐患消除在萌芽之中;其次是根据工程的特点确保各项安全施工措施的落实,加强对工程安全生产的检查监督,及时发现安全事故隐患;最后是对发现的安全事故隐患及时进行处理,查找原因,防止事故隐患的进一步扩大。

1. 安全事故隐患治理原则

1) 冗余安全度治理原则

为确保安全,在治理事故隐患时应考虑设置多道防线,即使发生有一两道防线无效,还有冗余的防线可以控制事故隐患。例如,道路上有一个坑,既要设防护栏及警示牌,又要设照明灯及夜间警示红灯。

2)单项隐患综合治理原则

人、机、料、法、环境五者任一环节产生安全事故隐患,都要从五者安全匹配的角度考虑,调整匹配的方法,提高匹配的可靠性。一件单项隐患问题的整改需综合(多角度)治理。人的隐患,既要治人也要治机具及生产环境等各环节。例如某工地发生触电事故,一方面要进行人的安全用电操作教育,另一方面现场也要设置漏电开关,对配电箱、用电线路进行防护改造,也要严禁非专业电工乱接乱拉电线。

3)事故直接隐患与间接隐患并治原则

对人、机、环境系统进行安全治理的同时,还需进行治理安全管理措施。

4)预防与减灾并重治理原则

治理安全事故隐患时,需尽可能减少发生事故的可能性,如果不能安全控制事故的发生,也要设法将事故等级降低。但是不论预防措施如何完善,都不能保证事故绝对不会发生,还必须对事故减灾做好充分准备,研究应急技术操作规范。如应及时切断供料及切断能源的操作方法;应及时降压、降温、降速及停止运行的方法;应及时排放毒物的方法;应及时疏散及抢救的方法;应及时请求救援的方法等。还应定期组织训练和演习,使该生产环境中每名干部及工人都真正掌握这些减灾技术。

5)重点治理原则

按对隐患的分析评价结果实行危险点分级治理,也可以用安全检查表打分,对隐患危险程度分级。

6)动态治理原则

动态治理就是对生产过程进行动态随机安全化治理,生产过程中发现问题及时治理,既可以及时消除隐患,又可以避免小的隐患发展成大的隐患。

2. 安全事故隐患的处理

在建设工程中,安全事故隐患的发现可以来自各参与方,包括建设单位、设计单位、监理单位、施工单位、供货商、工程监管部门等。各方对于事故安全隐患处理的义务和责任,以及相关的处理程序在《建设工程安全生产管理条例》中已有明确的界定。这里仅从施工单位的角度谈其对事故安全隐患的处理方法。

1)当场指正,限期纠正,预防隐患发生

对于违章指挥和违章作业行为,检查人员应当场指出,并限期纠正,预防事故的发生。

2)做好记录,及时整改,消除安全隐患

对检查中发现的各类安全事故隐患,应做好记录,分析安全隐患产生的原因,制订消除隐患的纠正措施,报相关方审查批准后进行整改,及时消除隐患。对重大安全事故隐患排除前或者排除过程中无法保证安全的,责令从危险区域内撤出作业人员或者暂时停止施工,待隐患消除后再行施工。

3)分析统计,查找原因,制定预防措施

对于反复发生的安全隐患,应通过分析统计,属于多个部位存在的同类型隐患,即“通病”。属于重复出现的隐患,即“顽症”,查找产生“通病”和“顽症”的原因,修订和完善安全管理措施,制订预防措施,从源头上防范安全事故隐患。

4）跟踪验证

检查单位应对受检单位的纠正和预防措施的实施过程和实施效果，进行跟踪验证，并保存验证记录。

7.3 建设工程项目安全事故应急预案和事故处理

7.3.1 生产安全事故应急预案的内容

应急预案是针对特定潜在事件和紧急情况所制订的行动策略规划，旨在为应急响应提供明确指导。编制预案的核心目的是预防紧急情况引发的混乱，确保在突发状况发生时能依照科学、合理的响应流程，迅速采取恰当的救援措施，从而有效预防和减轻可能带来的职业健康安全与环境影响。

在制订应急预案时，首要任务是结合重大环境因素和重大危险源进行全面考虑，特别是关注这些因素一旦失控可能造成的后果。此外，还需充分预见到应急救援过程中可能出现的二次伤害和额外损失，确保预案的全面性和前瞻性。

7.3.2 应急预案体系的构成

应急预案应构建成一套完整的体系，涵盖各级各类潜在事故及所有危险源，制订详尽的专项应急预案和现场应急处置方案。在事前预防、事发应对、事中处置及事后总结的各个阶段，必须清晰界定相关部门和人员的职责，确保预案的高效执行。对于生产规模小、危险因素相对较少的生产经营单位，其综合应急预案与专项应急预案可进行合并编写，以简化流程，提高实用性。

1. 综合应急预案

综合应急预案旨在全面阐述事故的应急方针、政策，明确应急组织结构及其相关职责，以及应急行动、措施和保障等核心要素和流程。该文件作为应对各类事故的综合性指导文件，为应急响应提供了全面、系统的框架和依据。

2. 专项应急预案

专项应急预案是针对具体的事故类别（如基坑开挖、脚手架拆除等事故）、危险源和应急保障而制订的计划或方案，是综合应急预案的组成部分，应按照综合应急预案的程序和要求组织制订，并作为综合应急预案的附件。专项应急预案应制订明确的救援程序和具体的应急救援措施。

3. 现场处置方案

现场处置方案是针对具体的装置、场所或设施、岗位所制订的应急处置措施。现场处置方案应具体、简单、针对性强。现场处置方案应根据风险评估及危险性控制措施逐一编制，做到事故相关人员应知应会、熟练掌握，并通过应急演练，做到迅速反应、正确处置。

7.3.3 生产安全事故应急预案的管理

1. 应急预案的管理部门

建设工程生产安全事故应急预案的管理涵盖了预案的评审、备案、实施及奖惩机制。在此过程中，中华人民共和国应急管理部承担起应急预案综合协调管理的核心职责。同时，国务院下属的负有安全生产监督管理职责的各部门，也需根据各自职能，负责各自行业、领域内应急预案的管理工作。

在地方层面，县级以上地方各级人民政府的应急管理部门，需负责本行政区域内应急预案的综合协调管理。同样，县级以上地方各级人民政府的其他安全生产监督管理职责部门，也需根据各自职责，负责辖区内相关行业、领域应急预案的管理工作。这样的层级化管理结构，确保了应急预案的全面性和有效性。

2. 应急预案的评审

地方各级人民政府应急管理部门应当精心组织专家团队，对本部门制定的应急预案进行严格审定。在必要时，应积极召开听证会，广泛听取社会各界的意见和建议。若预案涉及其他部门的职能或需其配合，务必事先征得相关部门的明确同意。

参与应急预案评审的人员构成应全面且专业，包括涉及应急预案的政府部门工作人员和专注于安全生产及应急管理领域的专家。

若评审人员与预案所涉及的生产经营单位存在任何形式的利害关系，应主动回避，以确保评审的公正性和客观性。

在应急预案的评审或论证过程中，应特别关注预案的实用性、基本要素的完整性、预防措施的针对性、组织体系的科学性、响应程序的操作性、应急保障措施的可行性及预案之间的衔接性等方面，确保预案的全面性和有效性。

3. 应急预案的备案

地方各级人民政府应急管理部门的应急预案，须报送至同级人民政府备案，同时抄送至上一级人民政府应急管理部门，并依照法律规定向社会公众公开。

地方各级人民政府中，其他承担安全生产监督管理职责的部门，其应急预案亦需抄送至同级人民政府应急管理部门。

对于中央企业而言，其总部(上市公司)的应急预案，须报送至国务院主管的负有安全生产监督管理职责的部门备案，并同时抄送至应急管理部；而其所属单位的应急预案，则需报送至所在地省、自治区、直辖市或设区的市级人民政府主管的负有安全生产监督管理职责的部门备案，并抄送至同级人民政府应急管理部门。

对于非中央企业，若涉及非煤矿山、金属冶炼、危险化学品生产、经营、储存、运输企业，以及使用危险化学品达到国家规定数量的化工企业、烟花爆竹生产、批发经营企业，其应急预案需按照隶属关系报送至所在地县级以上地方人民政府应急管理部门备案。而对于前述单位以外的其他生产经营单位，其应急预案的备案则由省、自治区、直辖市人民政府负有安全生产监督管理职责的部门具体确定。

7.3.4 职业健康安全事故的分类和处理

1. 职业伤害事故的分类

职业健康安全事故分为两大类型，即职业伤害事故与职业病事故。职业伤害事故是指因生产过程及工作原因或与其相关的其他原因造成的伤亡事故。

1) 按照事故发生的原因分类

按照我国《企业职工伤亡事故分类》GB 6441—1986 规定，职业伤害事故分为 20 类，其中与建筑业有关的有以下 12 类：物体打击、车辆伤害、机械伤害、起重伤害、触电、灼烫、火灾、高处坠落、坍塌、火药爆炸、中毒和窒息、其他伤害等。

以上12类职业伤害事故中，在建设工程领域中最常见的是高处坠落、物体打击、机械伤害、触电、坍塌、中毒、火灾7类。

2）按事故严重程度分类

我国《企业职工伤亡事故分类》GB 6441—1986规定，按事故严重程度分类，事故分为：

(1) 轻伤事故，是指造成职工肢体或某些器官功能性或器质性轻度损伤，能引起劳动能力轻度或暂时丧失的伤害的事故，一般每个受伤人员休息1个工作日以上（含1个工作日），105个工作日以下。

(2) 重伤事故，一般指受伤人员肢体残缺或视觉、听觉等器官受到严重损伤，能引起人体长期存在功能障碍或劳动能力有重大损失的伤害，或者造成每个受伤人损失105个工作日以上（含105个工作日）的失能伤害的事故。

(3) 死亡事故，其中，重大伤亡事故指一次事故中死亡1～2人的事故；特大伤亡事故指一次事故中死亡3人以上（含3人）的事故。

3）按事故造成的人员伤亡或者直接经济损失分类

依据2007年6月1日起实施的《生产安全事故报告和调查处理条例》规定，按生产安全事故（以下简称事故）造成的人员伤亡或者直接经济损失，事故分为：

(1) 特别重大事故，是指造成30人以上死亡，或者100人以上重伤（包括急性工业中毒，下同），或者1亿元以上直接经济损失的事故。

(2) 重大事故，是指造成10人以上30人以下死亡，或者50人以上100人以下重伤，或者5 000万元以上1亿元以下直接经济损失的事故。

(3) 较大事故，是指造成3人以上10人以下死亡，或者10人以上50人以下重伤，或者1 000万元以上5 000万元以下直接经济损失的事故。

(4) 一般事故，是指造成3人以下死亡，或者10人以下重伤，或者1 000万元以下直接经济损失的事故。

目前，在建设工程领域中，判别事故等级较多采用的是《生产安全事故报告和调查处理条例》。

2. 建设工程安全事故的处理

一旦事故发生，通过应急预案的实施，尽可能防止事态的扩大和减少事故的损失。通过事故处理程序，查明事故原因，制定相应的纠正措施和预防措施，避免类似事故的再次发生。

1）事故处理的原则（“四不放过”原则）

国家对发生事故后的“四不放过”处理原则，其具体内容如下。

(1) 事故原因未查清不放过。

要求在调查处理伤亡事故时，首先要把事故原因分析清楚，找出导致事故发生的真正原因，未找到真正原因决不轻易放过，直到找到真正原因并搞清各因素之间的因果关系才算达到事故原因分析的目的。

(2) 责任人员未处理不放过。

这是安全事故责任追究制的具体体现，对事故责任者要严格按照安全事故责任追究的法律法规的规定进行严肃处理。不仅要追究事故直接责任人的责任，而且要追究有关负责人的领导责任。当然，处理事故责任者必须谨慎，避免事故责任追究的扩大化。

(3) 有关人员未受到教育不放过。

使事故责任者和广大群众了解事故发生的原因及所造成的危害，并深刻认识到搞好安全生产的重要性,从事故中吸取教训,提高安全意识,改进安全管理工作。

(4) 整改措施未落实不放过。

必须针对事故发生的原因,提出防止相同或类似事故发生的切实可行的预防措施,并督促事故发生单位加以实施。只有这样,才算达到了事故调查和处理的最终目的。

2) 建设工程安全事故处理措施

(1) 按规定向有关部门报告事故情况。

事故发生后,事故现场有关人员应当立即向本单位负责人报告;单位负责人接到报告后,应当于1小时内向事故发生地县级以上人民政府应急管理部门和负有安全生产监督管理职责的有关部门报告,并有组织、有指挥地抢救伤员、排除险情;应当防止人为或自然因素的破坏,便于事故原因的调查。

由于建设行政主管部门是建设安全生产的监督管理部门,对建设安全生产实行的是统一的监督管理,因此,各个行业的建设施工中出现了安全事故,都应当向建设行政主管部门报告。对于专业工程的施工中出现生产安全事故的,由于有关的专业主管部门也承担着对建设安全生产的监督管理职能,因此,专业工程出现安全事故,还需要向有关行业主管部门报告。

① 情况紧急时,事故现场有关人员可以直接向事故发生地县级以上人民政府应急管理部门和负有安全生产监督管理职责的有关部门报告。

② 应急管理部门和负有安全生产监督管理职责的有关部门接到事故报告后,应当依照下列规定上报事故情况,并通知公安机关、劳动保障行政部门、工会和人民检察院。

A 特别重大事故、重大事故逐级上报至国务院应急管理部门和负有安全生产监督管理职责的有关部门。

B 较大事故逐级上报至省、自治区、直辖市人民政府应急管理部门和负有安全生产监督管理职责的有关部门。

C 一般事故上报至设区的市级人民政府应急管理部门和负有安全生产监督管理职责的有关部门。

应急管理部门和负有安全生产监督管理职责的有关部门依照前款规定上报事故情况,应当同时报告本级人民政府。国务院应急管理部门和负有安全生产监督管理职责的有关部门以及省级人民政府接到发生特别重大事故、重大事故的报告后,应当立即报告国务院。必要时,应急管理部门和负有安全生产监督管理职责的有关部门可以越级上报事故情况。

应急管理部门和负有安全生产监督管理职责的有关部门逐级上报事故情况,每级上报的时间不得超过2小时。事故报告后出现新情况的,应当及时补报。

(2) 组织调查组,开展事故调查。

① 特别重大事故由国务院或者国务院授权有关部门组织事故调查组进行调查。重大事故、较大事故、一般事故分别由事故发生地省级人民政府、设区的市级人民政府、县级人民政府负责调查。省级人民政府、设区的市级人民政府、县级人民政府可以直接组织事故调查组进行调查,也可以授权或者委托有关部门组织事故调查组进行调查。未造成人员伤亡的一般事故,县级人民政府也可以委托事故发生单位组织事故调查组进行调查。

② 事故调查组有权向有关单位和个人了解与事故有关的情况,并要求其提供相关文件、资料,有关单位和个人不得拒绝。事故发生单位的负责人和有关人员在事故调查期间不得擅离职守,并应当随时接受事故调查组的询问,如实提供有关情况。事故调查中发现涉嫌犯罪

的，事故调查组应当及时将有关材料或者其复印件移交司法机关处理。

(3) 现场勘查。

事故发生后，调查组应迅速到现场进行及时、全面、准确和客观的勘查，包括现场笔录、现场拍照和现场绘图等。

(4) 分析事故原因。

通过调查分析，查明事故经过，按受伤部位、受伤性质、起因物、致害物、伤害方式、不安全状态、不安全行为等，查清事故原因，包括人、物、生产管理和技术管理等方面的原因。通过直接和间接的分析，确定事故的直接责任者、间接责任者和主要责任者。

(5) 制订预防措施。

根据事故原因分析，制订防止类似事故再次发生的预防措施。根据事故后果和事故责任者应负的责任提出处理意见。

(6) 提交事故调查报告。

事故调查组应当自事故发生之日起 60 日内提交事故调查报告；特殊情况下，经负责事故调查的人民政府批准，提交事故调查报告的期限可以适当延长，但延长的期限最长不超过 60 日。事故调查报告应当包括下列内容。

① 事故发生单位概况。

② 事故发生经过和事故救援情况。

③ 事故造成的人员伤亡和直接经济损失。

④ 事故发生的原因和事故性质。

⑤ 事故责任的认定及对事故责任者的处理建议。

⑥ 事故防范和整改措施。

(7) 事故的审理和结案。

重大事故、较大事故、一般事故，负责事故调查的人民政府应当自收到事故调查报告之日起 15 日内作出批复；特别重大事故，30 日内作出批复，特殊情况下，批复时间可以适当延长，但延长的时间最长不超过 30 日。

有关机关应当按照人民政府的批复，依照法律、行政法规规定的权限和程序，对事故发生单位和有关人员进行行政处罚，对负有事故责任的国家工作人员进行处分。事故发生单位应当按照负责事故调查的人民政府的批复，对本单位负有事故责任的人员进行处理。

负有事故责任的人员涉嫌犯罪的，依法追究刑事责任。

事故处理的情况由负责事故调查的人民政府或者其授权的有关部门、机构向社会公布，依法应当保密的除外。事故调查处理的文件记录应长期完整地保存。

7.4　建设工程项目施工现场文明施工与环境管理

7.4.1　施工现场文明施工的要求

文明施工，旨在营造一个优质的作业环境、良好的卫生条件及井然有序的工作流程。这一举措不仅是保护环境的重要一环，更是确保施工现场高效、安全运行的基石。文明施工的核心要素包括：规范施工现场布局，确保作业区域整洁有序；科学规划施工流程，确保生产活动的有条不紊；努力减少施工活动对周边居民及环境的潜在影响；严格遵守施工现场文明施工的各项规定，全力保障职工的安全与健康。

文明施工不仅符合现代化施工的客观需求，有效促进员工的身心健康，也有助于提升施工队伍的整体素质。它有助于企业提高综合管理水平，增强企业的市场影响力和竞争力，从而为企业的可持续发展奠定坚实基础。

1. 建设工程现场文明施工的要求

依据我国相关标准，文明施工的要求主要包括现场围挡、封闭管理、施工场地、材料堆放、现场住宿、现场防火、治安综合治理、施工现场标牌、生活设施、保健急救、社区服务 11 项内容。总体上应符合以下要求。

(1) 有整套的施工组织设计或施工方案，施工总平面布置紧凑，施工场地规划合理，符合环保、市容、卫生的要求。

(2) 有健全的施工组织管理机构和指挥系统，岗位分工明确；工序交叉合理，交接责任明确。

(3) 有严格的成品保护措施和制度，大小临时设施和各种材料构件、半成品按平面布置堆放整齐。

(4) 施工场地平整、道路畅通、排水设施得当、水电线路整齐、机具设备状况良好、使用合理、施工作业符合消防和安全要求。

(5) 搞好环境卫生管理，包括施工区、生活区环境卫生管理和食堂卫生管理。

(6) 文明施工应贯穿施工结束后的清场。

实现文明施工，不仅要抓好现场的场容管理，而且还要做好现场材料、机械、安全、技术、保卫、消防和生活卫生等方面的工作。

2. 建设工程现场文明施工的措施

(1) 加强现场文明施工的管理。

(2) 落实现场文明施工的各项管理措施。

(3) 建立检查考核制度。

(4) 抓好文明施工建设工作。

7.4.2 施工现场环境保护的要求

建设工程项目必须满足有关环境保护法律法规的要求，在施工过程中注意环境保护，对企业发展、员工健康和社会文明有重要意义。

环境保护是指依照法律法规、各级主管部门和企业的要求，保护和改善作业现场的环境，控制现场的各种粉尘、废水、废气、固体废弃物、噪声、振动等对环境的污染和危害。环境保护也是文明施工的重要内容之一。

首先，对于粉尘控制，需采用封闭式施工、湿式作业法等技术手段，确保施工过程中的扬尘得到有效控制。同时，对于易产生粉尘的材料，如水泥、石灰等，应采取封闭存储、使用防尘网等措施，防止其被风吹散。

其次，对于废水处理，需建立废水收集和处理系统，确保施工废水经过处理后达到排放标准。对于含有有害物质的废水，需进行特殊处理，防止其对环境造成污染。

对于废气和固体废弃物的处理，也需严格遵守相关规定。废气需通过专门的设备进行处理，减少其对大气环境的影响。而固体废弃物则需要进行分类、收集、处理和利用，对于可回收的废弃物，应积极推广回收利用，减少资源浪费。

再次，噪声和振动的控制也是环境保护的重要方面。应合理安排施工时间，避免在夜间进行高噪声作业。同时，使用低噪声设备，对于噪声较大的设备，应采取隔音措施，减少其对周围居民的影响。对于振动控制，需选择低振动设备，并采取减振措施，防止振动对周围环境和建筑物的影响。

最后，还应加强施工现场的环境监测和评估工作。通过定期监测施工现场的环境质量，及时发现和解决环境问题。同时，对于施工过程中的环境风险进行评估，制订相应的应对措施，确保施工活动对环境的影响在可控范围内。

总之，施工现场环境保护的要求是多方面的，需要从多个方面入手，采取切实有效的措施，确保施工活动对环境的影响最小化。只有这样，才能实现文明施工、绿色施工的目标，为企业发展、员工健康和社会文明作出积极贡献。

7.4.3 施工现场职业健康安全卫生的要求

为保障作业人员的身体健康和生命安全，改善作业人员的工作环境与生活环境，防止施工过程中各类疾病的发生，建设工程施工现场应加强卫生与防疫工作。

1. 建设工程现场职业健康安全卫生的要求

根据我国相关标准，施工现场职业健康安全卫生管理主要包括现场宿舍、现场食堂、现场厕所、其他卫生管理等内容。

1）现场宿舍管理

（1）宿舍应设在施工区域外，确保与施工噪声、尘土等污染源保持一定距离，为作业人员提供一个安静、清洁的休息环境。

（2）宿舍内应设置足够的床铺，床铺之间保持适当的距离，确保通风良好。床铺应坚固、平整，床垫、被褥等用品应定期清洗、消毒。

（3）宿舍内应设置储物柜或储物架，供作业人员存放个人物品。宿舍内严禁存放易燃、易爆、有毒等危险物品。

（4）宿舍内应设置紧急疏散通道和灭火器等安全设施，确保在紧急情况下作业人员能够迅速撤离。

2）现场食堂管理

（1）食堂应设在施工区域外，与污染源保持一定距离，确保食品原料的安全、卫生。

（2）食堂工作人员应持有健康证，定期进行体检和卫生培训。工作时应穿戴整洁的工作服、帽子、口罩等防护用品。

（3）食堂应建立食品采购、储存、加工、销售等环节的卫生管理制度，确保食品原料新鲜、无变质、无过期。

（4）食堂应设置餐具消毒设施，对餐具进行定期消毒。作业人员就餐时应使用个人餐具，避免交叉污染。

3）现场厕所管理

（1）厕所应设在施工区域外，与污染源保持一定距离，确保通风良好、无异味。

(2) 厕所应设置足够的蹲位，满足作业人员的如厕需求。蹲位之间应保持适当的距离，确保隐私。

(3) 厕所应定期清扫、消毒，保持地面、墙面、蹲位等部位的清洁。同时，应设置洗手设施，供作业人员使用。

(4) 厕所内应设置紧急疏散通道和灭火器等安全设施，确保在紧急情况下作业人员能够迅速撤离。

4) 其他卫生管理

(1) 施工现场应设置足够的垃圾箱或垃圾袋，分类收集生活垃圾和施工垃圾。垃圾应定期清运，避免对环境造成污染。

(2) 施工现场应定期进行卫生检查和评估，对发现的卫生问题及时整改。同时，应建立卫生奖惩制度，对卫生管理好的班组或个人给予表彰和奖励，对卫生管理差的班组或个人进行批评和处罚。

(3) 施工现场应设置宣传栏或宣传板，宣传职业健康安全卫生知识，提高作业人员的卫生意识和自我防护能力。

总之，施工现场职业健康安全卫生是保障作业人员身体健康和生命安全的重要保障措施。通过加强宿舍、食堂、厕所等卫生设施的管理和维护，以及加强卫生检查和宣传教育工作，可以有效改善作业人员的工作环境和生活环境，防止各类疾病的发生，提高作业人员的生产效率和生活质量。

2. 建设工程现场职业健康安全卫生的措施

在建筑工地等施工现场，为了保障施工人员的生活环境和身体健康，确保施工过程的顺利进行，必须高度重视施工现场的卫生与防疫工作。为此，应当指定一名具有相关知识和经验的专人负责施工现场的卫生与防疫工作。这名专人需要全面负责施工现场的卫生管理工作，包括但不限于以下几个方面。

首先，监督和执行国家和地方的卫生法规、规章及相关管理办法，确保施工现场的卫生工作符合法律法规的要求。这就要求专人要深入了解和掌握相关的卫生法规和管理办法，以便在实际工作中进行有效监督和执行。

其次，落实各项卫生措施，保障施工现场的卫生条件达到规定标准。这包括定期对施工现场进行清洁和消毒，确保施工过程中的环境卫生；对施工过程中的废弃物进行分类收集和处理，防止污染环境；对施工现场的生活设施进行定期检查和维护，保障施工人员的日常生活卫生。

最后，专人还需对施工现场的防疫工作进行全面负责。在疫情防控期间，要严格执行国家和地方的防疫政策，制订施工现场的防疫措施，并监督实施。这包括对施工人员进行健康监测，要求他们做好个人防护，如佩戴口罩、勤洗手等；对施工现场进行定期消毒，减少病毒传播风险；合理安排施工人员的生活和工作，避免人员密集。

总之，施工现场的卫生与防疫工作事关施工人员的身体健康和生命安全，事关施工项目的顺利进行。因此，必须由一名专人全面负责施工现场的卫生与防疫工作，确保施工现场的卫生条件达到规定标准，防疫措施得到有效落实。

7.5 BIM5D 在安全管理中的应用

7.5.1 安全风险识别与评估

在项目管理中，安全风险识别与评估是确保工程顺利进行的关键环节。BIM5D 凭借其强大的数据集成和分析能力，为安全风险识别与评估提供了强有力的支持。以地铁施工安全风险评估为例，BIM5D 的应用使得风险评估过程更加科学、精准。

在地铁施工安全风险评估中，BIM5D 通过集成地质勘察数据、设计模型、施工方案等多源信息，构建了一个全面的三维信息模型。基于这个模型，项目团队能够利用 BIM5D 内置的分析模块，对潜在的安全风险进行快速识别。例如，通过模拟地下水位变化、土壤力学性质等因素对施工过程的影响，BIM5D 能够预测出可能发生的坍塌、涌水等风险事件。

在风险识别的基础上，BIM5D 还能够进行风险评估。通过设定不同的风险参数和权重，BIM5D 能够计算出每个风险事件发生的概率和可能造成的损失程度，从而为项目团队提供决策支持。此外，BIM5D 还支持风险可视化展示，通过三维模型直观地展示风险分布和等级，帮助项目团队更加直观地了解风险状况。

在实际应用中，BIM5D 已经成功应用于多个地铁项目的安全风险评估中。例如，在某地铁项目中，BIM5D 通过模拟分析发现了一处潜在的坍塌风险点。项目团队根据 BIM5D 的分析结果，及时采取了加固措施，有效避免了坍塌事故的发生。这一案例充分展示了 BIM5D 在安全风险识别与评估中的重要作用。

7.5.2 安全施工方案的模拟与优化

在项目管理中，安全施工方案的模拟与优化是确保工程顺利进行的关键环节。BIM5D 凭借其强大的模拟功能，为安全施工方案的制订与优化提供了有力支持。以地铁施工安全风险评估为例，BIM5D 的应用使得安全风险识别与评估更加精准高效。通过 BIM5D 平台，项目团队可以构建详细的三维模型，模拟地铁施工过程中的各种场景，从而全面识别潜在的安全风险。

在模拟过程中，BIM5D 不仅提供了丰富的数据支持，还结合了先进的分析模型，如故障树分析(FTA)和事件树分析(ETA)，对潜在的安全风险进行定量评估。这些分析模型的应用，使得项目团队能够更准确地了解风险发生的可能性和后果，为制订有针对性的风险应对措施提供了科学依据。

此外，BIM5D 还支持安全施工方案的模拟与优化。通过模拟不同施工方案下的施工过程和结果，项目团队可以直观地比较各种施工方案的优劣，选择最优的施工方案。例如，在地铁隧道施工中，BIM5D 可以模拟不同支护方案下的隧道变形和应力分布，帮助项目团队选择最适合的支护方案，确保施工安全。

在实际应用中，BIM5D 已经取得了显著的成效。以某地铁项目为例，项目团队利用 BIM5D 进行安全风险评估和施工方案模拟，成功识别了多处潜在的安全风险，并制订了针对性的风险应对措施。在施工过程中，BIM5D 还实时监控施工现场的安全状况，及时发出预警信息,有效避免了安全事故的发生。该项目的成功实施,充分证明了 BIM5D 在安全施工方案模拟与优化中的重要作用。

7.5.3 施工现场安全监控与实时报警

在建筑施工现场,安全监控与实时报警是确保项目顺利进行和人员安全的关键环节。BIM5D 平台通过集成先进的监控技术和实时数据分析功能,为施工现场的安全管理提供了强有力的支持。通过 BIM5D 平台,项目管理人员可以实时监控施工现场的各类安全指标,如人员分布、设备状态、环境参数等,确保施工过程中的安全风险得到及时发现和有效应对。

在实际应用中,BIM5D 平台通过集成高清摄像头、传感器等硬件设备,实现了对施工现场的全方位监控。通过实时传输的视频数据和传感器数据,BIM5D 平台能够迅速识别出潜在的安全隐患,如人员违规操作、设备故障、环境异常等,并立即触发报警机制。这种实时报警功能可确保项目管理人员在第一时间获取到安全信息,并采取相应的应对措施,从而有效避免安全事故的发生。

以某地铁施工项目为例,该项目在采用 BIM5D 平台进行安全监控与实时报警后,安全事故发生率显著下降。通过 BIM5D 平台,项目管理人员能够实时监控施工现场的每一个角落,及时发现并处理潜在的安全隐患。例如,在一次施工过程中,BIM5D 平台通过实时数据分析发现某处基坑边坡存在位移过大的风险,立即触发了报警机制。项目管理人员在接到报警后迅速组织人员撤离,并采取了相应的加固措施,最终成功避免了可能发生的坍塌事故。

此外,BIM5D 平台还提供了丰富的数据分析功能,帮助项目管理人员对施工现场的安全状况进行深入分析。通过收集和分析大量的实时数据,BIM5D 平台能够识别出施工现场的安全风险点,并预测未来可能发生的安全事故。这种基于数据的分析模型能够为项目管理人员提供科学的决策支持,帮助他们制订更加有效的安全管理措施。

7.5.4 安全隐患排查与整改追踪

在 BIM5D 的安全管理应用中,安全隐患排查与整改追踪是确保项目安全顺利进行的关键环节。通过 BIM5D 平台,项目团队能够实时识别、评估并追踪安全隐患,从而采取及时有效的整改措施。

在安全隐患排查方面,BIM5D 平台利用三维模型的可视化特性,结合安全风险评估模型,对施工现场进行全方位的模拟和分析。通过模拟施工过程,BIM5D 能够预测潜在的安全风险点,并自动标注在模型中,为项目团队提供直观的安全隐患分布图。此外,BIM5D 还支持与现场监控设备的数据对接,实时获取施工现场的安全数据,如人员分布、设备状态等,进一步提高了安全隐患排查的准确性和效率。

在安全隐患整改追踪方面,BIM5D 平台建立了完善的整改流程管理系统。一旦发现安全隐患,项目团队可以立即在 BIM5D 平台上创建整改任务,并指定责任人、整改期限和整改措施。平台会自动跟踪整改任务的执行情况,并通过图表、报告等多种形式展示整改进度和效果。同时,BIM5D 还支持与移动设备的无缝对接,使得项目团队能够随时随地查看和更新整改任务信息,确保整改工作的及时性和有效性。

以某地铁施工项目为例,该项目在 BIM5D 平台的辅助下,成功实现了安全隐患排查与整改追踪的智能化管理,如图 7.1 所示。通过 BIM5D 平台,项目团队在模拟施工过程中发现了多处潜在的安全风险点，并及时采取了相应的整改措施。在整改过程中，BIM5D 平台实时跟踪了整改任务的执行情况，并通过数据分析为项目团队提供了决策支持。最终，该项目在保障施工安全的同时，也提高了施工效率和质量，获得了业主和监理单位的高度评价。

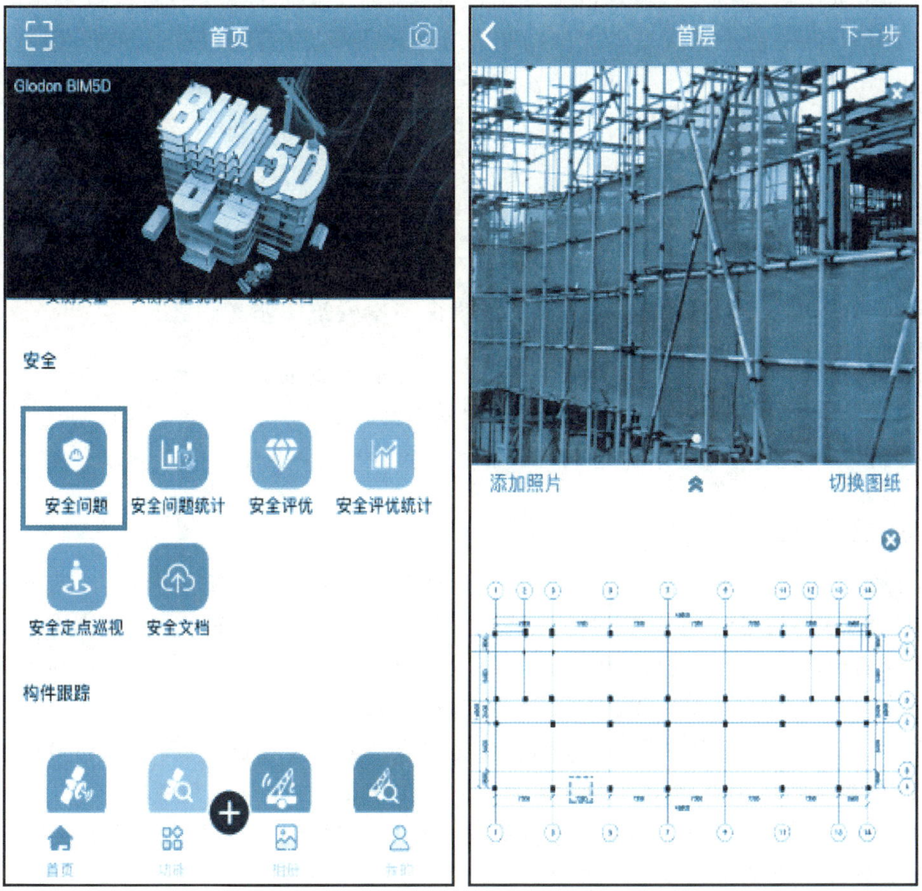

图 7.1 安全问题创建

7.5.5 安全教育与培训在 BIM5D 平台上的实施

在项目管理中，安全教育与培训是确保施工现场安全的关键环节。BIM5D 平台为安全教育与培训提供了全新的实施途径，通过集成多媒体教学资源，实现了安全知识的数字化、可视化传播。据统计，采用 BIM5D 平台进行安全教育的项目，其安全事故发生率降低了 20%。

在 BIM5D 平台上，安全教育与培训的内容涵盖了从基础安全知识到专业安全技能的全方位培训。通过模拟施工现场的实际情况，BIM5D 能够展示各种潜在的安全风险，使施工人员能够直观地了解并掌握安全操作规程。此外，BIM5D 还支持在线测试和评估，确保施工人员真正掌握所学内容。

以某大型综合体项目为例，该项目在 BIM5D 平台上实施了全面的安全教育与培训计划。通过 BIM5D 平台，项目团队为施工人员提供了包括安全操作规程、应急处理措施在内的多门课程。同时，BIM5D 平台还根据施工进度和现场实际情况，定期更新培训内容，确保施工人员始终掌握最新的安全知识。

在培训过程中,BIM5D 平台通过数据分析功能,对施工人员的学习情况进行实时监控和评估。一旦发现某施工人员的学习效果不佳,BIM5D 平台会立即发出预警,并为其提供个性化的辅导和补充学习材料。这种精准化的培训方式,大大提高了安全教育的效果。

此外,BIM5D 平台还支持安全知识的在线分享和交流。施工人员可以在平台上分享自己的安全经验和教训,相互学习、共同进步。这种互动式的培训方式,不仅增强了施工人员的安全意识,还提高了整个项目团队的安全管理水平。

【科普知识】

解读我国安全方针:为生命与发展筑牢坚实防线

在我国的建设和发展进程中,安全方针始终占据着至关重要的地位,它是保障人民生命财产安全、推动社会经济持续健康发展的基石。“安全第一、预防为主、综合治理”,这看似简单的十二个字,蕴含着深刻的理念和丰富的内涵,对各行各业的安全生产和管理工作起着指导性的关键作用。

1. “安全第一”——核心价值的彰显

“安全第一”明确了安全在所有工作中的首要地位,它强调在任何生产、经营或社会活动中,保障人的生命安全和身体健康都应被视为最为重要的目标,绝不容许以牺牲安全为代价来换取其他方面的利益。这一理念的提出,是基于对生命的尊重和珍视,因为人的生命是无价的,一旦发生安全事故,造成的损失往往是不可挽回的。

在实际工作中,“安全第一”要求我们无论是在制定政策、规划项目,还是在日常的操作和管理过程中,都必须将安全因素作为首要考虑因素。例如,在建设工程项目中,从项目的选址、设计到施工、验收等各个环节,都要严格遵循安全标准和规范,确保建筑物的结构安全、施工人员的作业安全及周边环境的安全。在企业生产中,要优先保障安全生产所需的资金投入,配备完善的安全防护设施,为员工提供安全的工作环境和必要的安全培训,使他们具备足够的安全意识和技能,能够在工作中自觉遵守安全规定,保护自己和他人的安全。

2. “预防为主”——防患未然的智慧

“预防为主”是安全方针的核心策略之一,它强调在安全工作中要以预防事故的发生为主要目标,通过采取各种预防性措施,将安全隐患消除在萌芽状态,从而避免事故带来的损失。这一理念体现了一种前瞻性和主动性的思维方式,要求从源头上把控安全风险,而不是等到事故发生后再进行补救。

实现“预防为主”,需要全面了解和掌握可能导致事故发生的各种因素,包括人的不安全行为、物的不安全状态、环境的不安全因素及管理上的缺陷等。通过对这些因素的分析和评估,制定相应的预防措施。例如,加强对员工的安全教育培训,提高他们的安全意识和操作技能,纠正他们的不安全行为习惯;定期对设备设施进行检查维护,确保其处于良好的运行状态,及时发现和排除潜在的安全隐患;优化工作环境,改善劳动条件,减少环境因素对安全的影响;建立健全安全管理制度,加强安全管理的监督和执行,确保各项安全措施能够得到有效落实。

此外,“预防为主”还要求我们加强安全监测和预警,及时发现安全隐患的早期迹象,并采取有效的措施进行处理。例如,利用先进的技术手段,如传感器、监控系统等,对生产过程中的关键参数进行实时监测,一旦发现异常情况,立即发出预警信号,以便及时采取措施,防止事故的发生。同时,要建立健全应急预案体系,定期进行演练,提高应对突发事件的能力,确保在事故发生时能够迅速、有效地进行处置,最大限度地减少事故造成的损失。

3.“综合治理”——系统思维的应用

“综合治理”是安全方针的重要保障,它强调要运用系统思维的方法,综合运用法律、经济、科技、教育等多种手段,从多个方面、多个层次对安全问题进行全面治理。这一理念认识到安全问题的复杂性和综合性,单一的治理手段往往难以取得理想的效果,需要通过多种手段的协同作用,形成合力,才能实现安全管理的目标。

在法律方面,要不断完善安全生产法律法规体系,加大执法力度,严厉打击各类安全生产违法行为,为安全生产提供有力的法律保障。通过法律的约束,促使企业和个人自觉遵守安全规定,履行安全责任。在经济方面,要建立健全安全生产的经济激励机制,如安全生产责任险、安全风险抵押金等,通过经济手段引导企业加强安全管理,提高安全生产水平。同时,对安全生产工作做得好的企业给予一定的经济奖励,对安全生产不达标的企业进行经济处罚,从而调动企业安全生产的积极性。

在科技方面,要加大对安全生产科技研发的投入,推广应用先进的安全技术和设备,提高安全生产的科技含量。例如,利用信息化技术实现对安全生产的远程监控和管理,利用智能化设备提高生产过程的自动化水平,减少人为因素对安全生产的影响。在教育方面,要加强安全生产的宣传教育,普及安全知识,提高全民的安全意识和素质。通过开展安全教育培训、安全文化建设等活动,营造全社会关注安全、重视安全的良好氛围,使安全意识深入人心,成为每个人的自觉行动。

此外,“综合治理”还强调要加强政府、企业、社会组织和公众之间的协同合作,形成全社会共同参与安全治理的格局。政府要发挥主导作用,加强对安全生产工作的领导和监管;企业要落实主体责任,加强内部安全管理;社会组织要发挥自身优势,为安全生产提供技术支持和服务;公众要积极参与安全监督,举报安全生产违法行为,形成群防群治的良好局面。

4. 安全方针在各领域的实践与成效

我国的安全方针在各个领域都得到了广泛的实践和应用,并取得了显著的成效。在工业领域,通过加强安全生产管理,推行安全标准化建设,采用先进的安全技术和设备,工业生产事故的发生率逐年下降,安全生产形势持续稳定好转。在建筑领域,严格执行建筑安全法规和标准,加强施工现场的安全监管,提高建筑施工人员的安全素质,有效减少了建筑施工事故的发生,保障了建筑工程的质量和进度。在交通运输领域,加强交通安全管理,加大对交通违法行为的整治力度,推广智能交通技术,提高交通运输的安全性和效率。近年来,我国道路交通事故死亡人数逐年下降,交通安全状况得到了明显改善。在公共安全领域,加强社会治安综合治理,完善应急预案体系,提高应对突发事件的能力,保障了人民群众的生命财产安全和社会的稳定和谐。

我国的安全方针“安全第一、预防为主、综合治理”是在长期的实践中总结出来的宝贵经验,它体现了对安全工作的深刻认识和科学把握,为我们指明了安全工作的方向和路径。在新时代,随着经济社会的快速发展和科技的不断进步,安全工作面临着新的挑战和机遇。我们要始终坚持这一安全方针,不断创新安全管理理念和方法,加强安全文化建设,提高全民的安全意识和素质,为实现中华民族伟大复兴的中国梦创造良好的安全环境。让我们共同努力,将安全方针贯彻到每一个工作环节,每一个生活细节,为生命与发展筑牢坚实的防线。

【思考与练习】

模块 8

建设工程项目信息管理

案例引入

项目信息管理伴随着项目管理的全过程，某专用宿舍楼项目借助 BIM5D 平台，建立了完善的项目信息管理系统，在项目信息管理和资料管理方面发挥了巨大作用。

通过 BIM5D 平台的应用，该专用宿舍楼项目实现了信息的实时共享和高效协同。项目团队成员能够通过平台及时获取最新的设计图纸、施工进度、材料清单等关键信息，从而确保了各项工作的顺利进行。此外，BIM5D 平台还提供了强大的数据分析功能，使得项目管理者能够对工程进度、成本、质量等关键指标进行实时监控和分析，及时发现并解决潜在问题。

在项目实施过程中，BIM5D 平台还发挥了重要的沟通协调作用。通过平台，项目各方可以实时共享信息，及时沟通协调，有效避免了因信息不对称和沟通不畅导致的问题。同时，平台还提供了虚拟现实（VR）和增强现实（AR）技术，使得项目管理者和施工人员能够更加直观地了解项目情况，提高了工作效率和质量。

在项目竣工验收阶段，BIM5D 平台同样发挥了重要作用。通过平台，项目管理者可以对整个项目进行全面的检查和评估，确保各项工程符合设计要求和质量验收标准。同时，平台还提供了项目资料的电子化管理功能，使得项目资料的整理、归档和查询变得更加便捷高效。

总之，BIM5D 平台在该专用宿舍楼项目中的应用，不仅提高了项目信息管理的效率和质量，还为项目各方提供了强大的协同工作平台，确保了项目的顺利实施和高质量完成。未来，随着 BIM 技术的不断发展和完善，其在项目信息管理中的应用将更加广泛，为建筑行业的发展注入新的活力。

通过阅读上述案例，总结建设工程项目信息管理都包含哪些内容。

课程目标

(1) 掌握建设工程信息管理系统的组成。
(2) 了解 BIM5D 在信息管理中的应用。

8.1 建设工程项目信息管理

8.1.1 建设工程项目信息管理概述

随着科学技术的发展,人类已进入了信息时代,信息已成为社会和经济发展的重要支柱之一。随着信息概念的广泛应用,其内涵也得到了不断扩充,在不同领域各有不同的含义和作用。从管理科学的角度,信息被解释为“经过加工后能对管理产生影响的数据”,这表明信息与数据相关。信息曾被看作消息的同义词,在英语中信息与情报为同义词,在日语中就称消息为情报,而对于信息的确切定义至今尚未统一,一般的定义认为:信息是客观事物的反映,它提供了有关现实世界事物的消息和知识。

信息具有准确性、时效性、有序性、共享性、可存储性、适用性、系统性等特性。

1. 项目中的信息

项目中的信息有很多,一个稍大的项目结束后,作为信息载体的资料就浩如烟海。项目中的信息大致包括以下几种:

(1) 项目基本状况的信息。它主要存在于项目建议书、可行性研究报告、项目手册,以及各种合同、设计和策划文件中。

(2) 现场工程实施的信息。如实际工期、成本、质量、资源消耗情况的信息等。它主要存在于各种报告,如日报、月报、重大事件报告、资源(包括设备、劳动力、材料)使用报告和质量报告中。其中还包括对问题的分析、计划和实际情况对比,以及趋势预测的信息等。

(3) 各种指令、决策方面的信息。

(4) 其他信息。例如,外部进入项目的环境信息,包括市场情况、气候情况、外汇波动、政治动态等。

2. 信息的基本要求

信息必须符合管理的需要,应有助于项目管理系统运行,不能造成信息泛滥污染。一般来说,其必须符合以下基本要求。

(1) 适用性强,专业对接。不同的项目管理职能人员,不同专业的项目参与者在不同时候对不同工作任务有不同的信息需求。信息首先应对口,按专业的需要提供和传达。

(2) 准确性,可靠性,反映实际情况。信息必须符合实际应用的需要,符合目标要求,这是开展正确、有效管理的前提。其包括以下几个方面的含义。

① 各种工程文件、报表、报告应实事求是,反映客观事实。

② 各种计划、指令、决策以实际情况为基础。不反映实际情况的信息容易造成决策、计划、控制的失误,进而损害项目目标。

(3) 及时提供。信息为满足接收者的需要,严格按照规定时间提出并分发。只有及时提供信息才能实现即时反馈,管理者也能及时地控制项目的实施过程。信息一旦过时,管理者就会错失决策良机,造成不应有的损失。

(4) 简单明了,便于理解。信息需要让使用者易于了解情况、分析问题。所以,信息的表达形式应符合人们日常接收信息的习惯,并且对于不同的人应有不同的表达形式。例如,对于不懂专业、不懂项目管理的业主，宜采用直观明了的表达形式，包括模型、表格、图形、文字描述等。

3. 信息管理的作用

信息管理是为了工程项目的总目标服务的。其目的是通过有效的信息沟通保证项目的成功，保证项目管理系统高效率地运行。信息管理的具体作用如下。

(1) 使上层决策者能及时、准确地获得决策所需的信息。

(2) 实现组织成员之间的高度协调。

(3) 能有效地控制和指挥项目实施。

(4) 让外界和上层组织了解项目实施状况，更有效地获得各方对项目实施的支持。

(5) 在项目组织中，实现信息资源共享，消除项目组织中的信息孤岛现象，防止信息堵塞。信息的共享能提高管理效率。

4. 项目信息管理的主要任务

项目经理部承担着项目信息管理的任务，是整个项目的"信息中心"，负责搜集项目实施情况的信息，做各种信息处理工作，并向上级、外界提供各种信息。其信息管理的主要任务如下。

(1) 建立项目信息管理系统，设计项目实施和项目管理中的信息流与信息描述体系。

① 按照项目实施过程、项目组织、项目管理组织和工作过程建立项目的信息流程。

② 按照项目各方和环境组织的信息需求，确定与外界的信息沟通方式。

③ 制定项目信息的搜集、整理、分析、反馈和传递等规章制度。

④ 将项目基本情况的信息系统化、具体化，编制项目手册，制定项目信息分类和编码规则与结构，确定资料格式、内容和数据结构要求。

(2) 在项目实施过程中通过各种渠道搜集信息，如现场调查询问、观察、试验、阅读报纸、杂志和图书等。

(3) 项目信息的加工处理。

① 对信息进行数据处理、分析与评估，确保信息的真实、准确、完整和安全。

② 编制项目报告。

③ 向有关方面提供信息，保证信息渠道畅通。

(4) 项目信息的传递。向有关方面提供信息，保证信息渠道畅通。

(5) 信息的存储和文档管理工作。

8.1.2　工程项目报告系统

1. 工程项目报告系统概述

工程项目报告系统是项目管理信息系统的一个关键组成部分，它负责收集、组织、分析项目实施过程中的数据，并将其转化为有意义的报告形式，供项目管理者和利益相关方使用。这一系统旨在确保信息的准确性和时效性，帮助决策者及时了解项目状态，作出有效决策。报告系统通常包括报告模板设计、数据采集自动化、数据分析工具及报告分发和存档功能。

2. 工程项目中报告的作用

(1) 信息传递：报告作为正式的信息交流渠道，确保项目进展、问题、成就等相关信息准确无误地传达给所有相关方。

(2) 决策支持：提供全面的数据分析和评估，帮助管理层基于事实作出决策。

(3) 绩效监控：通过对比计划与实际执行情况，报告有助于监控项目绩效，识别偏差并采取纠正措施。

(4) 合规性证明：确保项目符合法规要求、合同条款和标准，为审计和合规检查提供证据。

(5) 知识管理：记录项目经验教训，为后续项目提供参考和学习材料。

3. 工程项目报告的要求

(1) 准确性：报告中的数据和信息必须真实可靠，反映项目实际情况。

(2) 及时性：报告应当在规定的时间框架内完成并提交，以便迅速应对项目中的变化。

(3) 清晰性：采用易于理解的语言和格式，确保信息传达无误。

(4) 完整性：覆盖项目的所有关键方面，包括进度、成本、质量、风险等。

(5) 可追溯性：报告应附有数据来源和计算方法，便于验证和审计。

(6) 适应性：报告格式和内容应根据不同受众的需求进行调整。

4. 工程项目报告的形成

(1) 数据收集：从项目管理软件、现场记录、财务系统等源头收集数据。

(2) 数据分析：运用统计方法和管理工具，对收集的数据进行整理和分析。

(3) 编写草稿：根据分析结果，按照既定的报告模板编写初步报告。

(4) 审核与修订：由项目经理或指定负责人审核报告内容，确保准确性、完整性和合规性，并进行必要的修订。

(5) 最终审批：经过必要的内部审阅和修改后，报告提交给高层管理者审批。

(6) 分发与存档：审批通过后，报告被分发给相关方，并在项目文档管理系统中存档，以备查阅和审计。

8.2 工程档案的保存要求

工程档案作为工程项目的重要记录和宝贵知识资产，其保存要求至关重要，以确保其在未来能够被准确、完整地查阅和利用，为项目的后续运营、维护、改造以及历史研究等提供可靠的依据。以下是工程档案保存的详细要求。

8.2.1 物理存储环境要求

1. 存储空间

专用库房：应设立专门的工程档案库房，避免与其他物品混放，以减少潜在的损坏风险。库房面积应根据档案数量和预期增长规模合理规划，确保有足够的空间容纳档案，并为档案的整理、查阅和存放提供便利。

空间布局：库房内要进行合理的布局划分，设置档案存放区、查阅区和工作区等功能区域，保持各区域之间的相对独立性，避免相互干扰。档案存放区应配备密集架、档案柜等存储设备，按照一定的分类体系和编号顺序存放档案，便于查找和管理。

2. 温湿度控制

温度要求：适宜的温度范围对档案的保存至关重要。一般来说，工程档案库房的温度范围应控制为 14～24 ℃，温度过高会加速纸张、胶片等载体材料的老化和变质，温度过低则可能导致纸张变脆、易断裂。因此，需要安装空调系统或其他温度调节设备，对库房温度进行实时监测和调控，确保温度始终保持在适宜范围内。

湿度要求：湿度也是影响工程档案保存质量的关键因素之一。库房的相对湿度范围应控制为 45%～60%，湿度过高容易引起档案发霉、纸张粘连，湿度过低则会使纸张干燥、变脆，影响档案的耐久性。为了控制湿度，可以采用除湿机、加湿器等设备，同时配备湿度计进行实时监测，根据实际湿度情况进行相应的调节。

3. 光照防护

避光措施：强烈的光照会对档案中的纸张、照片、胶片等材料造成褪色、老化等损害，因此档案库房应采取有效的避光措施。窗户应安装遮光窗帘或使用防紫外线玻璃，避免阳光直接照射到档案上。库房内的照明灯具应采用无紫外线或低紫外线的光源，并合理控制照明强度和时间，减少光照对档案的影响。

照明布局：照明布局要均匀合理，避免在档案存放区域产生阴影或强光反射，确保在查阅档案时能够清晰地看到文件内容，同时又不会对档案造成损害。可以采用分布式照明方式，将灯具安装在天花板或墙壁上，避免直接照射档案表面。

4. 防火防盗

防火措施：火灾是档案保存的重大威胁，必须采取严格的防火措施。档案库房应配备火灾自动报警系统、灭火器、消火栓等消防设施，并定期进行检查和维护，确保其处于良好的运行状态。同时，要制定完善的火灾应急预案，加强对工作人员的消防培训和演练，提高应对火灾的能力。

防盗措施：为了防止档案被盗，库房应安装防盗门窗、监控摄像头等安全设施，并设置门禁系统，限制无关人员进入。档案管理人员要加强对库房的日常巡查，确保档案的安全。此外，还可以采用档案加密、备份等技术手段，进一步提高档案的安全性。

5. 防尘防虫

防尘措施：灰尘会污染档案表面，影响档案的可读性和保存寿命。因此，档案库房要保持清洁卫生，定期进行打扫和除尘。可以采用空气净化器、吸尘器等设备，减少空气中的灰尘含量。同时，进入库房的人员要更换工作服和鞋子，避免将灰尘带入库房。

防虫措施：虫害也是档案保存的常见问题之一，会对档案造成严重的损坏。为了防虫，可以在库房内放置防虫剂、樟脑丸等防虫药品，但要注意选择对档案无害的药品。同时，要定期对库房进行检查，发现虫害及时采取措施进行处理，避免虫害蔓延。

8.2.2　档案载体保护要求

1. 纸质档案

纸张选择：在工程档案的形成过程中，应尽量选用质量好、耐久性高的纸张作为档案载体。一般来说，中性纸或无酸纸是比较理想的选择，其酸碱度接近中性，能够有效减缓纸张的老化和变质。对于一些重要的纸质档案，可以采用档案级(archival quality)纸张，这种纸张经过特殊处理，具有更高的耐久性和保存寿命。

装订方式：纸质档案的装订方式应选择对档案损害较小的方法，如线装、铆装等，避免使用胶水粘贴或订书钉装订，以免对纸张造成损坏或影响日后的翻阅。装订时要注意保持档案的整齐和牢固，防止页面散落。

修复与保养：对于已经受损的纸质档案，应及时进行修复和保养。修复工作要由专业的档案修复人员进行，采用科学的修复方法和技术，如去污、去酸、修补、裱糊等，尽可能恢复档案的原貌和完整性。同时，要定期对纸质档案进行保养，如翻动、通风、除湿等，防止纸张粘连和霉变。

2. 电子档案

存储介质选择：电子档案的存储介质应具有较高的稳定性和可靠性，如硬盘、光盘、磁带等。在选择存储介质时，要考虑其存储容量、读写速度、耐久性和兼容性等因素。同时，要定期对存储介质进行检测和更新，确保其性能良好，数据能够正常读取和存储。

数据备份：为了防止电子档案数据丢失，应定期进行数据备份。备份可以采用异地备份、冗余备份等方式，将数据存储在多个不同的地点和设备上，以提高数据的安全性和可靠性。备份数据的存储介质也要进行妥善保管，定期进行检查和更新。

格式转换与迁移：随着技术的不断发展，电子档案的存储格式可能会逐渐过时，导致数据无法读取。因此，应定期对电子档案进行格式转换和迁移，将其转换为新的、通用的存储格式，以确保数据的长期可读性和可用性。在进行格式转换和迁移时，要注意保证数据的完整性和准确性，避免数据丢失或损坏。

病毒防护：电子档案容易受到病毒的攻击，因此要安装有效的杀毒软件，并定期进行更新和扫描，确保档案存储设备和网络环境的安全。同时，要加强对工作人员的安全教育，提高他们的病毒防范意识，避免在使用电子档案时感染病毒。

3. 声像档案

存储环境：声像档案（如照片、录音带、录像带等）对存储环境的要求较高，应避免高温、高湿、磁场等不利因素的影响。照片应存放在阴凉、干燥、通风的地方，避免阳光直射和潮湿环境。录音带和录像带应存放在远离磁场的地方，如电视机、音箱等，以免受到磁场干扰导致数据丢失或损坏。

载体保护：对于录音带和录像带，要定期进行倒带和播放检查，以防止磁带粘连和老化。同时，要注意保护磁带的表面，避免划伤和污染。照片的保存要注意避免指纹、灰尘等污染，可以使用专用的照片袋或相册进行存放。对于一些珍贵的声像档案，可以进行数字化处理，将其转换为电子文件进行保存，以提高其保存寿命和利用便利性。

数字化保存：数字化是声像档案长期保存的重要手段之一。在进行数字化处理时，要选择高质量的数字化设备和技术，确保数字化后的图像、声音质量清晰、准确。数字化后的文件要按照一定的标准和规范进行命名、分类和存储，便于管理和查询。同时，要定期对数字化文件进行检查和备份，确保数据的安全性和完整性。

8.2.3 档案整理与分类要求

1. 分类体系建立

依据标准：根据国家和行业相关标准，结合工程项目的特点和实际需求，建立科学合理的工程档案分类体系。分类体系应具有逻辑性、系统性和可扩展性，能够清晰地反映工程项目的组成结构和各个环节的关系。

类目设置：分类体系中的类目设置要涵盖工程项目的所有方面，包括项目前期文件、设计文件、施工文件、监理文件、竣工验收文件等。每个类目下可以根据需要进一步细分若干子类目，形成层次分明的分类结构。例如，施工文件可以按照施工部位、施工工艺、施工材料等进行分类。

编码规则：为了便于档案的管理和检索，需要制定统一的编码规则对每个类目和文件进行编号。编码应具有唯一性、稳定性和可识别性，能够准确地反映文件的所属类别和位置。编码可以采用字母、数字或其组合的方式，如“项目代码—类目代码—文件顺序号”等。

2. 整理规范

文件收集：按照分类体系和归档范围，全面收集工程项目建设过程中产生的各种文件和资料，确保档案的完整性。文件收集要及时，避免遗漏和丢失。对于一些重要的文件，如合同、设计图纸、验收报告等，要确保其原件的收集，并进行妥善保管。

文件排序：对收集到的文件进行整理和排序，按照文件的形成时间、逻辑关系或其他既定的顺序进行排列。例如，施工文件可以按照施工进度的先后顺序进行排序，设计文件可以按照专业分类和设计阶段进行排序。排序后的文件要保持顺序的稳定性，便于后续的装订和编目。

文件装订：根据文件的数量和厚度，选择合适的装订方式对文件进行装订。装订要牢固、整齐，便于翻阅和保存。对于一些较大尺寸的文件或图纸，可以采用折叠或卷筒的方式进行装订，但要注意保护文件的完整性和清晰度。

文件编目：编制详细的档案目录，包括案卷目录和文件目录。案卷目录主要记录案卷的基本信息，如案卷号、案卷题名、起止日期、保管期限等；文件目录则记录文件的具体信息，如文件编号、文件题名、责任者、日期、页数等。编目要准确、详细，便于查找和检索。

8.2.4　档案管理制度要求

1. 建立健全制度

归档制度：明确规定工程档案的归档范围、归档时间、归档要求和归档流程等，确保档案能够及时、完整地归档。归档制度要涵盖工程项目的各个阶段和所有参与单位，明确各方的归档责任和义务。

查阅制度：制定严格的档案查阅制度，规范档案查阅的程序和权限。查阅档案需要办理查阅手续，填写查阅申请表，注明查阅目的、查阅范围和查阅时间等信息。档案管理人员要根据查阅申请进行审核，确定查阅者的权限和可查阅的档案范围，并在查阅过程中进行监督和指导，确保档案的安全和保密。

借阅制度：对于需要借阅档案的情况，要建立相应的借阅制度。借阅档案需要办理借阅手续，签订借阅协议，明确借阅期限、借阅用途和归还责任等。借阅期间，借阅者要妥善保管档案，不得转借、涂改、损坏或丢失档案。到期归还时，档案管理人员要进行检查和验收，确保档案完好无损。

保密制度：工程档案中可能包含一些涉及商业秘密、技术秘密或国家安全的信息，因此要建立严格的保密制度。对档案进行密级划分，明确不同密级档案的保密要求和查阅权限。加强对档案管理人员和查阅借阅人员的保密教育，提高他们的保密意识，严格遵守保密规定，防止档案信息泄露。

销毁制度：对于超过保存期限或失去保存价值的工程档案，要按照规定的程序进行销毁。销毁档案需要进行鉴定和审批，填写销毁申请表，注明销毁档案的名称、编号、数量、销毁原因等信息。经批准后，要由专人负责监销，采用安全可靠的销毁方式，如粉碎、焚烧等，确保档案信息无法恢复。

2. 人员培训与职责明确

人员培训：定期对档案管理人员进行业务培训，提高他们的档案管理知识和技能水平。培训内容包括档案法律法规、档案整理规范、档案保管技术、档案信息化建设等方面。同时，要加强对档案管理人员的职业道德教育，培养他们的责任心和敬业精神，确保档案管理工作的质量和效率。

职责明确：明确档案管理各个环节的职责分工，确保每个工作人员都清楚自己的职责和任务。档案管理人员要负责档案的收集、整理、保管、查阅、借阅、销毁等工作，确保档案管理工作的顺利进行。工程项目的各参与单位和部门也要明确自己在档案管理工作中的职责，积极配合档案管理人员做好档案的归档和移交工作。

3. 监督与检查

内部监督：建立内部监督机制，定期对档案管理工作进行自查和自纠。档案管理部门要定期对档案库房的管理情况、档案整理和保管情况、档案查阅和借阅情况等进行检查，发现问题及时整改。同时，要加强对档案管理制度执行情况的监督，确保各项制度得到有效落实。

外部检查：积极配合上级主管部门、档案行政管理部门等进行外部检查。接受外部检查时，要如实提供档案管理工作的相关情况和资料，认真听取检查意见和建议，对存在的问题要及时进行整改，并将整改情况反馈给检查部门。通过外部检查，不断提高档案管理工作的水平和质量。

8.3 BIM5D 在信息管理中的应用

8.3.1 BIM5D 信息平台的构建与数据集成

数据集成是 BIM5D 信息平台的核心功能之一。通过数据集成，可以将项目设计、施工、运维等各个阶段的数据进行统一管理和分析，为项目决策提供有力支持。例如，在专用宿舍楼项目进度管理案例中，BIM5D 信息平台通过集成项目进度、资源、成本等关键数据，实现了进度模拟与可视化，帮助项目团队实时掌握项目进展，及时发现潜在风险，并采取相应的调整措施。同时，基于 BIM5D 的数据分析功能，项目团队还能够对进度数据进行深入挖掘，找出影响进度的关键因素，为进度优化提供科学依据。

此外，BIM5D 信息平台还支持多源数据的集成与融合。在复杂综合体项目成本优化案例中，BIM5D 信息平台不仅集成了项目设计阶段的成本估算数据，还通过与其他系统的数据对接，获取了施工过程中的实际成本数据。通过对这些数据的综合分析，项目团队能够及时发现成本偏差，并采取相应的成本控制措施。同时，BIM5D 信息平台还支持成本数据的可视化展示，帮助项目团队更加直观地了解成本分布情况，为成本优化提供有力支持。

8.3.2 施工过程中的文档管理与电子存档

在施工过程中，各类文档如施工图纸、变更通知、质量检查记录等层出不穷，传统的纸质文档管理方式不仅效率低下，而且容易丢失或损坏。BIM5D 通过电子化的方式，将这些文档进行数字化处理，存储在云端或本地服务器上，实现了文档的永久保存和实时共享。项目团队成员可以随时随地通过 BIM5D 平台访问和编辑文档，大大提高了工作效率。

此外，BIM5D 还支持文档的版本控制功能，确保团队成员使用的是最新版本的文档。当文档发生变更时，BIM5D 会自动记录变更历史，方便项目团队进行追溯和审计。这种电子化的文档管理方式不仅提高了文档的准确性和可靠性，还有助于项目团队更好地掌握项目进展情况，及时发现和解决问题。

8.3.3　BIM5D 在协同工作与信息共享中的应用

在信息共享方面，BIM5D 平台通过构建统一的信息模型，将项目中的各类信息（如设计数据、施工计划、材料清单等）进行集中管理，实现信息的快速检索和查询。项目团队可以通过 BIM5D 平台轻松获取所需信息，减少信息沟通的时间和成本。此外，BIM5D 平台还支持多种数据格式的导入和导出，方便项目团队与其他软件系统进行数据交换和共享。

一项研究数据显示，使用 BIM5D 平台进行协同工作与信息共享的项目，其设计错误率降低了 30%，施工周期缩短了 20%。这一显著成效得益于 BIM5D 平台在协同工作和信息共享方面的强大功能。通过 BIM5D 平台，项目团队可以更加高效地协作，减少沟通障碍，提高项目管理的整体效率和质量。

此外，BIM5D 平台还支持基于云端的协同工作，使得项目团队可以跨越地域限制，实现远程协作。这种灵活的工作方式不仅提高了项目管理的灵活性，还降低了项目成本。协同工作是项目成功的关键，而信息共享则是协同工作的基础。BIM5D 平台正是通过提供高效的协同工作与信息共享功能，为项目团队的成功提供了有力支持。

8.3.4　基于 BIM5D 的施工现场实时数据采集与处理

在实时数据采集方面，BIM5D 集成了多种传感器和智能设备，如无人机、激光扫描仪、RFID 标签等，能够自动捕捉施工现场的实时数据。例如，在专用宿舍楼项目进度管理案例中，BIM5D 通过无人机航拍技术，实时获取了施工现场的进度照片和视频，与 BIM 模型进行比对分析，实现了进度的实时监控与动态调整。同时，BIM5D 还通过 RFID 标签技术，对施工现场的材料和设备进行实时追踪，确保了材料使用的准确性和成本控制的有效性。

在实时数据处理方面，BIM5D 采用了先进的数据分析模型和算法，对采集到的数据进行快速、准确的处理和分析。通过 BIM5D 的数据分析功能，项目团队能够及时发现施工现场的问题和风险，并采取相应的措施进行解决。例如，在桥梁工程质量管理案例中，BIM5D 通过对桥梁施工过程中的质量检测数据进行实时分析，识别出了潜在的质量缺陷，并提供了整改建议。这不仅提高了桥梁工程的质量水平，也降低了后期维修和改造的成本。

此外，BIM5D 还支持数据的可视化展示和共享。通过 BIM5D 平台，项目团队可以将实时数据以图表、报告等形式进行展示，方便团队成员之间的信息共享和沟通。同时，BIM5D 还支持与其他项目管理软件的集成，实现了数据的无缝对接和共享。这不仅提高了项目管理的效率，也降低了数据管理的成本。

8.3.5　利用 BIM5D 平台进行决策支持与项目知识管理

在项目管理中，决策支持与项目知识管理扮演着至关重要的角色。BIM5D 平台凭借其强大的数据集成与分析能力，为项目管理者提供了有力的决策支持工具。通过BIM5D平台，项目管理者可以实时获取项目进展、成本、质量、安全等多方面的数据，并利用内置的分析模型对数据进行深度挖掘，从而做出更加科学、合理的决策。

在决策支持方面，BIM5D平台不仅提供了数据分析和预测功能，还支持多种决策分析模型的应用。例如，在成本优化方面，BIM5D平台可以根据历史数据和当前市场情况，预测项目的成本变化趋势，并给出相应的优化建议。这些建议基于大量的数据分析和模型计算，具有很高的可靠性和实用性。

此外，BIM5D平台还具备强大的项目知识管理能力。通过BIM5D平台，项目管理者可以方便地存储、检索和共享项目文档、图纸、图片等资料。同时，BIM5D平台还支持版本控制和权限管理，确保项目资料的安全性和可追溯性。这些功能不仅提高了项目管理的效率，也为项目知识的积累和传承提供了有力的支持。

【科普知识】

建筑行业新视角：资料员的崛起与价值

在建筑行业这个庞大而复杂的体系中，有一个岗位正经历着从默默无闻到备受瞩目的转变，那就是资料员。曾经，他们或许在人们的印象中只是负责整理资料的“幕后工作者”，但如今，他们已成为行业中不可或缺的关键力量，在建筑职场中大放异彩。

1. 资料员的角色转变

过去，人们对资料员的认知较为局限，认为他们的工作主要是简单地搜集、整理工程资料，工作相对轻松且技术含量不高。然而，随着时代的发展，建筑行业的规模不断扩大，项目的复杂性和精细化程度日益提高，资料员的角色也发生了深刻的变革。如今的资料员需要具备丰富的工程知识和实践经验，他们不再是单纯的资料管理员，而是项目运行的重要支撑者。中建某局已经将“资料员”岗位改名为“综合信息工程师”。

他们要能够深入理解项目的整体需求，准确把握各个环节的信息要点。在项目的前期规划阶段，资料员需要协助收集和整理项目的可行性研究报告、设计图纸等基础资料，为项目的顺利启动提供信息保障。在施工过程中，他们要时刻关注工程的进度、质量、成本等方面的动态信息，及时记录和整理各种施工日志、检验报告、变更通知等重要文件，确保项目信息的完整性和准确性。这些信息不仅是项目实施过程中的重要参考，也是后续竣工验收、质量追溯以及维护管理的关键依据。

2. 信息化建设下的新技能要求

随着信息化技术在建筑行业的广泛应用，资料员还需要掌握一定的信息技术和数据分析技能。在数字化时代，建筑项目产生了大量的数据，这些数据蕴含着丰富的信息和价值。资料员要能够运用信息化工具对这些数据进行有效的管理和分析。

他们需要熟练使用专业的资料管理软件，实现工程资料的电子化存储和高效检索。通过建立数据库，将各类资料进行分类整理，使得项目团队成员能够在需要时迅速获取所需信息，大大提高了工作效率。同时，他们还要具备数据分析能力，能够从海量的数据中提取有价值的信息，为项目决策提供支持。例如，通过对施工进度数据的分析，发现潜在的延误风险，并及时提出预警和解决方案;通过对成本数据的分析,帮助项目管理者优化资源配置,降低成本。

3. 资料员在项目中的重要作用

1) 项目运行的重要支撑

资料员是项目信息的中枢,他们负责确保信息在项目各个环节的顺畅流通。在项目团队中,不同部门和专业的人员需要频繁地交流和共享信息,而资料员则起到了桥梁和纽带的作用。他们通过规范的资料管理流程,将分散的信息整合起来,使得项目成员能够及时获取准确的信息,避免因信息不畅而导致的误解和错误决策。无论是设计变更的及时传达,还是施工问题的反馈处理,都离不开资料员的协调和沟通。

2) 公司决策的重要参考

凭借对项目全面而深入的了解,资料员为公司的决策提供了有力的支持。他们整理和分析的项目数据,能够反映出项目的实际情况和发展趋势,为管理层制定战略决策提供了客观依据。例如,在项目投标阶段,资料员提供的过往类似项目的资料和数据分析,能够帮助公司评估项目的可行性和风险,制定合理的投标策略。在项目实施过程中,他们对成本、进度、质量等方面的监控和分析报告,能够让公司及时了解项目的运行状况,做出相应的调整和决策,确保项目目标的实现。

4. 市场因素对资料员岗位的影响

1) 岗位价值的提升与薪资待遇的变化

市场规律的作用使得资料员的岗位价值逐渐被发掘和认可。随着建筑行业竞争的加剧,企业越来越意识到准确、及时的信息管理对于项目成功的关键作用。一个高效的资料员团队能够提高项目的执行效率,降低风险,从而为企业带来更大的经济效益。因此,为了吸引和留住优秀的资料员人才,不少公司纷纷提高他们的薪资待遇,使其收入水平超过了技术员等传统岗位。

2) 岗位竞争的加剧与挑战

这一薪资待遇的变化也吸引了更多求职者的关注,导致资料员岗位的竞争日益激烈。对于求职者来说,他们需要不断提升自己的专业素养和技能水平,以在竞争中脱颖而出。除了具备扎实的工程知识和熟练的信息技术能力外,还需要具备良好的沟通协调能力、团队合作精神和问题解决能力。

对于企业而言,如何合理配置人力资源,充分发挥资料员的潜力,提高他们的工作效率,成为了一项重要的课题。企业需要建立完善的激励机制和培训体系,为资料员提供广阔的职业发展空间和晋升机会,激发他们的工作积极性和创造力。同时,企业还需要加强对资料员团队的管理和指导,确保他们的工作与项目目标紧密结合,为企业的发展作出更大的贡献。

5. 对建筑行业的启示与展望

资料员岗位的崛起给建筑行业带来了深刻的启示。在这个快速发展和变化的时代,每个岗位的价值都可能随着行业的需求而发生变化。建筑行业的从业者需要不断学习和适应新的技术和管理理念,提升自己的综合能力,才能在激烈的市场竞争中立于不败之地。

对于整个建筑行业来说,合理配置人力资源是实现可持续发展的关键。只有充分认识到每个岗位的重要性,发挥每个人的潜能和优势,才能构建一个高效、协同的项目团队,推动建筑行业的繁荣兴旺。期待着更多像资料员这样的岗位能够在行业中崭露头角,为建筑行业的发展注入新的活力和动力。同时,也希望广大求职者能够敏锐地捕捉行业的变化趋势,根据自己的兴趣和特长，选择适合自己的职业发展道路，在建筑行业中实现自己的价值和梦想。

总之，资料员的崛起是建筑行业发展的必然结果，其重要性日益凸显。我们应该以全新的视角看待资料员岗位，重视其在项目中的作用，为其发展提供更好的支持和保障。相信在未来，随着建筑行业的不断进步，资料员将在行业中发挥更加重要的作用，为创造更加美好的建筑世界贡献自己的力量。

【思考与练习】

模块 9

BIM5D 综合实训

本实训课程紧扣企业实际业务流程，以施工各部门的岗位职责为教学核心，采用“把企业搬进校园”的教学理念，为学生构建一个高度仿真的企业工作环境。在此环境中，学生将接触真实的业务流程和数据，通过任务导向、角色扮演等方式，深入理解企业生产经营中各部门、各岗位间的逻辑关系，掌握各岗位的基础实践技能，并熟悉岗位间的协同工作方式。这一过程不仅有助于提升学生的专业技能，还能在潜移默化中锻炼其方法能力、组织协调能力以及沟通能力等综合素养。

项目背景：本项目为员工宿舍楼，总建筑面积达到 1 732.48 m^2，基底面积为 836.24 m^2，建筑高度为 7.65 m。其中，一至二层为宿舍区域。项目结构类型为坚固的框架结构，基础类型则选用柱下独立基础，确保建筑的稳固与安全。项目采用总承包模式进行发包，中标合同总价为 333.6 万元，整个工程需在规定的四个月内完成。项目团队现已接收到开工任务，务必按时竣工并顺利交付给甲方。

9.1 BIM5D 基础准备

9.1.1 三端搭建

1. PC 端建立

（1）启动与新建项目：双击桌面图标进入 BIM5D 界面，可于本地项目下新建项目，需设定工程名称与路径，工程名称自定义，路径可设为默认。

（2）填写项目信息：完成工程信息设定后，可进一步填写工程地点、造价等信息，或选择直接完成新建并后续补充。

（3）进入主页面：新建向导完成后，进入主页面，包含九大模块：项目资料、数据导入等。

2. Web 端建立

（1）完成 PC 端本地项目后，点击【升级到协同版】按钮，可进行软件升级操作。

（2）注册并登录广联云账号，绑定 BIM 云空间，提供激活码绑定和已有云空间绑定两种方式供项目部小组选择。

（3）绑定前建议备份原始文件，以备数据恢复。

(4) 成功绑定后，自动返回软件初始界面，最近项目列表中会显示升级后的协同项目。

3. 移动端搭建

(1) 下载与安装：项目部小组成员需根据系统(安卓或iOS)通过手机扫码下载BIM5D移动端，并完成安装。

(2) 账号登录：安装完成后，在移动端登录广联云账号。

(3) 项目选择与切换：登录成功后，弹出项目列表，选择已搭建的协同项目“专用宿舍楼”，并完成项目切换。

(4) 移动端功能模块：移动端包括生产进度、质量、安全、构件跟踪、知识库五大应用模块，可查看施工图纸及施工相册。

9.1.2 项目组织结构建立

(1) 项目经理在Web端可进行项目组织机构建立，包括成员管理、添加、编辑和删除人员等操作。

(2) 在组织架构中，可设置协同参与项目的各单位信息，如甲方、总承包等，每个单位下可添加人员，并设置工种和班组信息。

(3) 主要团队成员可在“主要团队”模块中设置，包括录入姓名、手机及岗位等信息。

9.1.3 项目信息

(1) 项目经理录入工程概况信息，包括合同金额、开竣工日期等，参照合同预算文件和进度计划单位。

(2) 结合项目图纸，项目经理添加项目模型效果图至概况展示，体现整体效果。

(3) 项目经理新建项目单体，建立楼层体系，录入建筑及结构标高信息，保证模型空间区域一致性。

(4) 完成工程概况信息录入后，项目经理导出BIM5D工程包至本地备份，并命名保存为P5D格式。

(5) BIM5D工程文件除了云端同步外，还可采用两种方式在本地保存备份：一是使用保存或另存为方式，以文件夹形式保存集成数据和快捷方式文件；二是通过导出P5D工程包方式进行备份。

9.1.4 模型集成

1. 导入实体模型

(1) 需使用igms格式的BIM5D模型文件，按专业分类上传土建、结构、场地布置模型。

(2) 技术经理登录后，新建分组并命名，如建筑模型、结构模型、机电模型等，可细化子分组管理。

(3) 添加模型时需匹配单体楼层信息，与项目部建立的单体楼层体系相对应。

(4) 可预览上传模型，通过面板选择楼层及构件类型筛选内容。

2. 导入场地模型

(1) 新建不同阶段，按场地模型分组，如基础施工、主体施工、粗装修施工等阶段。

(2) 载入三个阶段场地模型，方法同实体模型导入。

(3) 可预览并查看当前场地模型。

3. 导入其他模型

(1) 在其他模型界面，可增加除软件自带外的其他模型。

(2) 上传的模型主要用于施工模拟和工况设置。

9.1.5 模型整合

项目部小组将基于导入的实体模型与场地模型，进行模型整合，确保实体模型精准对应至场地模型中拟建建筑的相同位置。

在模型整合过程中，可通过界面提供的旋转、平移等功能，将不同专业(如土建、钢筋、机电)、不同单体、不同类型的模型(如实体模型、场地模型)进行高效整合。为确保整合的准确性，特别注意确保各模型原点的一致性。

以下是具体的整合步骤。

(1) 进入模型整合界面，选择需整合的实体模型，点击“模型整合”按钮。

(2) 在整合界面勾选楼层以显示完整模型，并选择施工场地图标，与实体模型同时显示。

(3) 设置选择精度，根据需求选择单体、文件或专业，平移模型并调整至场地模型中相应位置。支持导入 CAD 图纸作为参考，可旋转和找点操作。

(4) 重新打开模型整合界面，可查看实体模型与场地模型结合后的全景图。

(5) 截取全景图作为项目效果图，并添加至项目资料界面。

整合完成后，技术经理需点击“提交数据”，输入提交日志，并选择“云数据同步”以将模型数据同步至云端及手机端。在此过程中，请确保选择正确的模型信息专业设定及场地模型，以实现模型数据的共享。

9.2 项目团队组建

本课程建议以 5 人为单位组建项目部小组，角色分工明确，涵盖项目经理、技术经理、生产经理、质安经理和商务经理五大关键角色。同时，教师将扮演企业领导的角色，进行项目模拟指导。

9.2.1 角色说明

(1) 项目经理负责全面协调和管理团队，确保项目任务合理分配，并实时监控各阶段任务完成情况与各部门工作进展。

(2) 技术经理专注于 BIM 技术的应用，包括施工组织设计的编审、三维技术交底、专项方案的查询、砌体排布及工艺工法库的编制与维护等工作。

(3) 生产经理则聚焦于 BIM 的生产应用，涵盖流水段的划分、施工任务的跟踪、模型进度的挂接、现场工况的分析模拟、物料的跟踪及提量等核心任务。

(4) 质安经理致力于 BIM 的质安管理，主要负责质量安全的跟踪、安全定点巡视、质安整改通知的编制与发送，以及项目质量安全数据的分析等工作。

(5) 商务经理则专注于 BIM 的商务应用，包括成本数据的挂接、变更管理、资金资源曲线的分析、进度报量及合约规划管理等关键职责。

9.2.2 岗位分配

(1) 教师：角色定位为企业领导，负责讲解规则、实时查看各团队任务进展情况，并对各个团队的完成情况进行评审。

(2) 同学 A：项目经理，负责协调统筹团队成员，确保整体任务的顺利完成。

(3) 同学 B：技术经理，专注于施工组织、方案、技术交底等相关编制审核工作。

(4) 学生 C：生产经理，负责现场、材料、人员、机械的计划与统计工作。

(5) 学生 D：质安总监，负责现场质量、安全的验收审批及整改通知单的编写。

(6) 学生 E：商务经理，负责现场的造价、甲方报量、报价等商务工作。

9.3 BIM5D 生产应用实训

9.3.1 进度管理

1. 任务目标

基于宿舍楼案例，根据导入给定的进度计划，生产经理负责完成进度关联。

2. 成果输出

输出进度关联截图，命名为“进度关联”。

9.3.2 施工模拟

1. 任务目标

基于宿舍楼案例，技术经理、生产经理负责编制施工模拟视频，包括默认模拟视频及动画方案模拟视频各一份，用于交底及例会展示使用。

2. 成果输出

输出进度模拟视频，命名为“默认模拟”及“方案模拟”。

9.3.3 进度对比

1. 任务目标

基于宿舍楼案例，生产经理根据已完成进度实际时间录入进度计划，制作开工至竣工计划与实际模拟对比视频，召开进度例会，进行形象进度交底。

2. 成果输出

输出计划与实际进度对比模拟视频，命名为“进度对比”，制作交底对比说明录入文档，命名为“形象进度对比说明”。

9.4　BIM5D 商务应用实训

9.4.1　成本关联

1. 任务目标

（1）基于宿舍楼案例，商务经理将给定的合同预算与成本预算导入 BIM5D，并将土建专业、粗装修专业进行清单匹配挂接。

（2）商务经理将钢筋专业进行清单关联挂接。

2. 成果输出

（1）输出清单匹配完成截图，命名为“土建清单匹配”。

（2）输出清单关联完成截图，命名为“钢筋清单关联”。

9.4.2　进度报量

1. 任务目标

基于宿舍楼案例，商务经理进行月度工程款提报。假定每月结算周期从本月 25 号到下个月 25 号为一个月度周期，现需要将整个工期提取每月月度报量数据作为报量依据。

2. 成果输出

（1）输出物资量对比表格，命名为“物资量对比”。

（2）输出清单量统计对比表格，命名为“清单量统计对比”。

（3）输出高级工程量表格，命名为“进度报量”。

9.4.3　三算对比

1. 任务目标

（1）基于宿舍楼案例，作为商务经理，为了实现基于 BIM 技术对合约的规划及管理，在 BIM5D 软件合约视图中将合同预算进行划分，分别为劳务、物资采购两类分包，将预算人工归类至劳务分包单位，钢筋、砌块分别归类至物资采购单位，分别进行分包合同挂接。通过市场询价，对劳务分包及物资采购两类分包设置对外分包单价，查看各分包合同费用金额，进行费用分析，同时导出各分包合同费用表格及合约表格信息。

（2）项目经理要求商务部对项目整体经营情况进行对比分析，需要利用三算对比来分析项目的矩形梁和矩形柱清单项盈亏情况及材料节超情况。

2. 成果输出

（1）输出合约规划中涉及分包的合同费用，命名为“分包合同费用”。

（2）输出三算对比表格，命名为“三算对比——××”。

9.5 BIM5D 质安应用实训

9.5.1 治安追踪

1. 任务目标

基于宿舍楼案例,质安经理发现施工现场首层 1 轴与 A 轴相交处存在 2 cm 偏移,同时发现脚手架杆件间距与剪刀撑的位置不符合规范的规定,利用“BIM5D 移动端+云端”创建质量安全问题,发送整改通知单并统计分析,进行问题整改、验收及复核。

2. 成果输出

(1) 输出编制的质量安全整改通知单,命名为“整改通知单”。

(2) 输出整改通知过程记录,以“截图+文字”形式记录文档,命名为“质安追踪记录”。

9.5.2 安全定点巡视

1. 任务目标

基于宿舍楼案例,质安经理结合施工重点部位及安全因素考虑,设置项目安全定点巡检,并导出巡检记录做数据分析。

2. 成果输出

(1) 输出巡视点设置说明,命名为“巡视设置”。

(2) 输出巡视看板表格,命名为“巡视记录”。

参 考 文 献

[1] 中华人民共和国住房和城乡建设部.建设工程项目管理规范[M].北京：中国建筑工业出版社,2017.

[2] 朱溢荣,李宁,陈家志.BIM5D协同项目管理[M].第二版.北京：化学工业出版社,2022.

[3] 全国一级建造师执业资格考试用书编写委员会.建设工程项目管理[M].北京：中国建筑工业出版社,2024.

[4] 陈晖,肖玲.建设工程项目管理[M].青岛：中国石油大学出版社,2017.

[5] 王慧萍,杨涛,王玉华.BIM5D项目管理应用[M].北京：清华大学出版社,2022.

[6] 蔡伟庆.建设工程项目管理[M].北京：北京邮电大学出版社,2013.

[7] 中华人民共和国住房和城乡建设部.建筑与市政施工现场安全卫生与职业健康通用规范[M].北京：中国建筑工业出版社,2022.

[8] 中华人民共和国住房和城乡建设部.建筑与市政工程施工质量控制通用规范[M].北京：中国建筑工业出版社,2022.

[9] 中华人民共和国住房和城乡建设部.建筑施工组织设计规范[M].北京：中国建筑工业出版社,2009.

[10] 中国工程建设标准化协会.建筑工程合同管理标准[M].北京：中国计划出版社,2021.

思考与练习答案